Word
Excel
PPT
AI办公

从新手到高手

董长颖 于春华 著

U0280277

人民邮电出版社

北京

图书在版编目（CIP）数据

Word/Excel/PPT AI办公从新手到高手 / 董长颖，于春华著. -- 北京：人民邮电出版社，2024.5
ISBN 978-7-115-63804-5

Ⅰ．①W… Ⅱ．①董… ②于… Ⅲ．①办公自动化—应用软件 Ⅳ．①TP317.1

中国国家版本馆CIP数据核字(2024)第053808号

内 容 提 要

本书用实例引导读者学习，深入浅出地介绍 Word/Excel/PPT 的相关知识和应用方法。

全书分为 5 篇，共 15 章。第 1 篇介绍文档编辑与格式设置、文档的美化，以及长文档的排版等；第 2 篇介绍 Excel 的基本操作、美化工作表、数据的基本分析、公式与函数，以及数据可视化呈现等；第 3 篇介绍制作图文并茂的演示文稿、添加动画和交互效果，以及放映和打印技巧等；第 4 篇介绍 Office 的实战应用和 Office 组件间的协作等；第 5 篇介绍 AI 与 Office 工具的智能整合和 AI 与其他办公任务的高效融合等。

本书不仅适合 Word/Excel/PPT 的初、中级用户学习使用，也可以作为各类院校相关专业学生和计算机培训班学员的教材或辅导书。

◆ 著　　　　董长颖　于春华
　　责任编辑　李永涛
　　责任印制　胡　南
◆ 人民邮电出版社出版发行　北京市丰台区成寿寺路 11 号
　　邮编　100164　电子邮件　315@ptpress.com.cn
　　网址　https://www.ptpress.com.cn
　　北京九州迅驰传媒文化有限公司印刷
◆ 开本：787×1092　1/16
　　印张：21　　　　　　　　2024 年 5 月第 1 版
　　字数：538 千字　　　　　2024 年 12 月北京第 4 次印刷

定价：99.90 元

读者服务热线：(010)81055410　印装质量热线：(010)81055316
反盗版热线：(010)81055315
广告经营许可证：京东市监广登字 20170147 号

前言

为满足广大读者的 Word/Excel/PPT 办公学习需求，我们针对当前 Office 办公软件的特点，组织多位相关领域的专家及 Office 办公软件培训教师，精心编写了本书。

本书特色

无论读者是否接触过 Word/Excel/PPT，都能从本书中获益，掌握使用 Word/Excel/PPT 办公的方法。

+ 零基础、入门级的讲解

无论读者是否从事相关行业，是否使用过 Word/Excel/PPT，都能从本书中找到最佳起点。本书入门级的讲解，可以帮助读者快速地从新手迈向高手行列。

+ 实例为主，图文并茂

本书以实际工作中的精选案例为主线，在此基础上适当扩展讲解知识点，每个操作步骤均配有对应的插图。这种图文并茂的讲解方法，能够使读者在学习过程中直观、清晰地看到操作过程和效果，便于深刻理解和掌握相关知识。

+ AI 赋能，高效加倍

本书第 5 篇详尽阐述了如何利用 AI 技术辅助 Office 办公。通过掌握相关 AI 工具的应用技巧，读者能够大幅提升工作效率和生产力。

+ 单双栏混排，超大容量

本书采用单双栏混排的形式，大大扩充信息容量，力求在有限的篇幅中为读者介绍更多的知识和案例。

+ 视频教程，互动教学

本书配套的视频教程内容与书中的知识点紧密结合并相互补充，让读者体验实际应用环境，并借此掌握日常办公所需的技能和各种问题的处理方法，达到学以致用的目的。

配套资源

+ 10 小时视频教程

本书配套的视频教程详细地讲解了每个案例的操作过程及关键步骤，能够帮助读者轻松地掌握书中的理论知识和操作技巧。

+ 超值配套资源

本书附赠大量相关内容的视频教程、扩展学习电子书，以及本书所有案例的配套素材和结果文件等，以方便读者学习。

✚ 获取资源

读者可以扫描下方二维码，根据指引获取本书的学习资源。

🗨 编读互动

著者和编辑尽最大努力确保书中内容的准确性，但难免存在疏漏。欢迎您将发现的问题反馈给我们，帮助我们提升图书的质量。

当您发现错误时，请登录异步社区（https://www.epubit.com），按书名搜索，进入本书页面，单击"发表勘误"，输入勘误信息，单击"提交勘误"按钮，如下图所示。本书的著者和编辑会对您提交的勘误进行审核，确认并接受后，您将获赠异步社区的 100 积分。积分可用于在异步社区兑换优惠券、样书或奖品。

著者
2024 年 3 月

目录

第1篇　Word 文档制作

第 2 篇　Excel 数据分析

第 3 篇　PPT 文稿设计

第 4 篇 高手秘籍

第 5 篇 AI 办公

第 1 篇
Word 文档制作

第 **1** 章　基本操作：文档编辑与格式设置

第 **2** 章　美化文档：插图、表格、图形

第 **3** 章　高级排版：打造专业的长文档

第 **1** 章

基本操作：文档编辑与格式设置

本章导读

在文档中插入文本并对文本进行简单的设置是 Word 的基本编辑操作。本章主要介绍 Word 文档的创建、在文档中输入文本内容、选中文本、字体和段落格式的设置，以及查找文本、批注和审阅文档的方法等。

重点内容

- ✚ 掌握文本的输入与编辑
- ✚ 掌握文本的段落设置
- ✚ 掌握文档的审阅技巧

1.1 制作工作总结

工作总结是应用写作的一种，其作用是对已经做过的工作进行理性思考，如肯定成绩、找出问题、归纳经验教训、提高认识、明确方向，并把这些思考用文字表述出来，以便进一步做好工作。本节就以制作"工作总结"文档为例，介绍 Word 的基本操作。

1.1.1 新建空白文档

在使用 Word 制作"工作总结"文档之前，需要先创建一个空白文档。启动 Word 软件时可以创建空白文档，以 Windows 11 操作系统为例，具体操作步骤如下。

❶ 单击桌面任务栏中的【开始】按钮 ⊞，弹出【开始】菜单，单击【所有应用】按钮，如下图所示。

❷ 打开【所有应用】列表后，在列表中选择【Word】选项，如下图所示。

> 📝 **提示**　如果操作系统为 Windows 10，则单击【开始】按钮 ⊞，在弹出的【所有应用】列表中直接选择【Word】选项。

选择后即可启动 Word，下图所示为 Word 启动界面。

❸ 在打开的 Word 初始界面中单击【空白文档】选项，如下图所示。

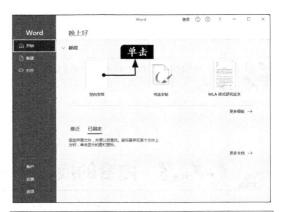

> 📝 **提示**　在桌面上单击鼠标右键，在弹出的快捷菜单中选择【新建】→【Microsoft Word 文档】命令，可在桌面上新建一个 Word 文档。双击新建的 Word 文档图标即可打开该文档。

创建的名称为"文档 1"的空白文档如下页图所示。

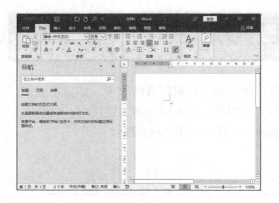

提示 启动 Word 后，有以下3种方法创建空白文档。

（1）在【文件】选项卡下选择【新建】选项，在右侧【新建】区域选择【空白文档】选项。

（2）单击快速访问工具栏中的【新建空白文档】按钮。

（3）按【Ctrl+N】组合键。

1.1.2 输入文本内容

文本的输入非常简单，只要会使用键盘打字，通常就可以在文档的编辑区域输入文本内容。当桌面右下角的语言栏中显示的是中文输入模式图标中时，在此状态下输入的文本为中文文本。输入文本内容的具体操作步骤如下。

❶ 确定语言栏上显示的是中文输入模式图标中，输入"销售部季度总结"，如下图所示。

提示 可以按【Windows+Space】组合键切换输入法。

❷ 在编辑文档时，有时也需要输入英文和英文标点符号，按【Shift】键可切换中文/英文输入法。切换至英文输入法后，直接按相应的键即可输入英文。数字内容可直接通过小键盘输入，输入效果如下图所示。

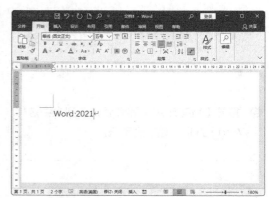

1.1.3 内容的换行——硬回车与软回车的应用

在输入文本的过程中，通常当文字到达一行的右端时，输入的文本将自动跳转到下一行。如果在未输满一行时就要换行输入，也就是产生新的段落，则可按【Enter】键来结束当前段落，这样会产生一个段落标记"↵"，如下页左图所示。这种按【Enter】键的操作称为"硬回车"。

如果按【Shift+Enter】组合键来结束一个段落，会产生一个手动换行标记"↓"，如下页右图所示。这种操作称为"软回车"。虽然"软回车"也达到了换行输入的目的，但它并不会结束段落，只是实现换行输入而已。实际上，前一段文字和后一段文字仍为一个整体，

Word 仍默认它们为一个段落。

| 销售部季度总结↵ | 销售部季度总结↵ |
| 回顾 2023 年第 3 季度↵ | 回顾 2023 年第 3 季度↓ |

1.1.4 输入日期和时间

在文档中可以方便地输入当前的日期和时间，具体操作步骤如下。

❶ 打开"素材 \ch01\ 工作总结 .docx"文档，将其中的内容复制到"文档 1"文档中，如下图所示。

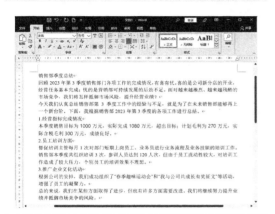

❷ 把光标定位到文档文本末尾，按两次【Enter】键换两次行，单击【插入】选项卡下【文本】选项组（以下简称"组"）中的【日期和时间】按钮，如下图所示。

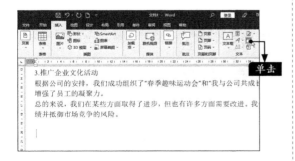

❸ 在弹出的【日期和时间】对话框中，设置【语言（国家/地区）】为【简体中文（中国大陆）】，然后在【可用格式】列表框中选择一种日期格式，单击【确定】按钮，如右上图所示。

日期插入文档的效果如下图所示。

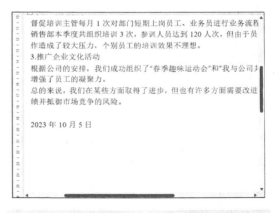

❹ 按【Enter】键换行，单击【插入】选项卡下【文本】组中的【日期和时间】按钮。在弹出的【日期和时间】对话框的【可用格式】列表框中选择一种时间格式，勾选【自动更新】复选框，单击【确定】按钮，如下页图所示。

时间插入文档的效果如下图所示。

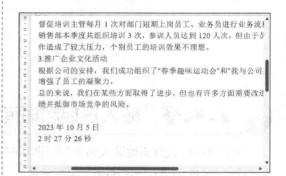

1.1.5 保存文档

文档的保存是非常重要的。在使用 Word 编辑文档时，文档以临时文件的形式保存在计算机中，如果意外退出 Word，则很容易造成工作成果的丢失。

1. 保存新建文档

保存新建文档的具体操作步骤如下。

❶ Word 文档编辑完成后，打开【文件】选项卡，在左侧的列表中选择【保存】选项，如下图所示。

❷ 如果此时为第一次保存文档，系统会显示【另存为】区域，在【另存为】区域中选择【浏览】选项，如下图所示。

❸ 在打开的【另存为】对话框中，选择文档的保存位置，在【文件名】文本框中输入要保存的文档的名称，在【保存类型】下拉列表中选择【Word 文档(*.docx)】选项，单击【保存】按钮，即可完成保存文档的操作，如下图所示。

保存完成后，可看到文档标题栏中的名称已经更改为"工作总结.docx"，如下图所示。

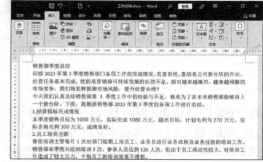

2. 已有文档的保存

针对已有文档，有以下 3 种方法保存更新后的文档。

（1）打开【文件】选项卡，在左侧的列表中选择【保存】选项，如下图所示。

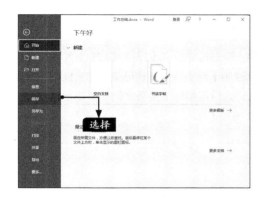

（2）单击快速访问工具栏中的【保存】按钮 💾 ，如下图所示。

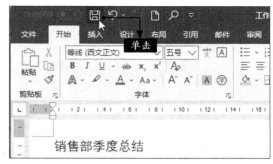

（3）按【Ctrl+S】组合键。

1.1.6 关闭文档

关闭 Word 文档有以下几种方法。

（1）单击文档窗口右上角的【关闭】按钮 ✕ ，如下图所示。

（2）在标题栏上单击鼠标右键，在弹出的快捷菜单中选择【关闭】命令，如下图所示。

（3）打开【文件】选项卡，选择【关闭】选项，如下图所示。

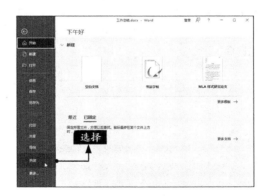

（4）按【Alt+F4】组合键。

1.2 制作企业管理规定

企业管理规定是企业或者职能部门为贯彻某项规定或进行某项管理工作、活动而提出的原则要求、执行标准与实施措施的规范性文档，具有较强的约束力。本节就以制作"企业管理规定"文档为例，介绍如何设置文本的字体和段落格式。

1.2.1 使用鼠标和键盘选中文本

选择文本时既可以选择单个字符，也可以选择整篇文档。选择文本的方法主要有以下几种。

1. 拖曳选择文本

选择文本最常用的方法就是拖曳选取。采用这种方法可以选择文档中的任意文字，该方法是最基本和最灵活的选取方法之一。

❶ 打开"素材 \ch01\ 企业管理规定 .docx"文档，将光标放在待选文本的开始位置，如放置在第 3 行的中间位置，如下图所示。

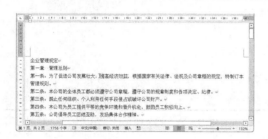

❷ 按住鼠标左键并拖曳，这时被选中的文本会以带阴影的形式显示。选择完成，释放鼠标左键，鼠标指针经过的文字就被选中了，如下图所示。单击文档的空白区域，即可取消文本的选择。

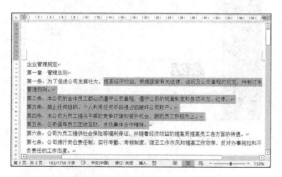

2. 用键盘选择文本

我们可以利用键盘组合键来快速选择文

本。使用键盘选择文本时，需先将光标移动到待选文本的开始（或结束）位置，然后按相关的组合键。

❶ 单击待选文本的开始位置，然后在按住【Shift】键的同时单击结束位置，此时可以看到开始位置和结束位置之间的文本已被选中，如下图所示。

❷ 结束之前的文本选择，然后在按住【Ctrl】键的同时按住鼠标左键并拖曳，可以选择不连续的文本，如下图所示。

读者可以参考以下表格，了解选择文本的组合键。

组合键	功能
【Shift+←】	选择光标左边的一个字符
【Shift+→】	选择光标右边的一个字符
【Shift+↑】	选择至光标上一行同一位置之间的所有字符
【Shift+↓】	选择至光标下一行同一位置之间的所有字符

组合键	功能
【Ctrl+Home】	选择至当前行的开始位置
【Ctrl+End】	选择至当前行的结束位置
【Ctrl+A】/【Ctrl+5】	选择全部文本
【Ctrl+Shift+↑】	选择至当前段落的开始位置
【Ctrl+Shift+↓】	选择至当前段落的结束位置
【Ctrl+Shift+Home】	选择至文档的开始位置
【Ctrl+Shift+End】	选择至文档的结束位置

1.2.2　复制与移动文本

复制与移动文本是编辑文档过程中的常用操作。

1. 复制文本

对于需要重复输入的文本，可以使用复制功能来快速输入，操作步骤如下。

❶ 在打开的素材文件中选择第 1 段标题文本内容，单击【开始】选项卡下【剪贴板】组中的【复制】按钮，如下图所示。

❷ 将光标定位在要粘贴文本内容的位置，单击【开始】选项卡下【剪贴板】组中的【粘贴】下拉按钮，在弹出的下拉列表中选择【保留源格式】选项，如右上图所示。

> **提示**　在【粘贴选项】中，用户可以根据需要选择文本格式的设置方式，各选项功能如下。

- 【保留源格式】选项：选择该选项后，将保留应用于复制文本的格式。
- 【合并格式】选项：选择该选项后，将丢弃应用于复制文本的大部分格式，但在仅应用于所选内容部分时保留被视为强调效果的格式，如加粗、斜体等。
- 【图片】选项：选择该选项后，复制的对象将会被转换为图片并粘贴该图片，文本转换为图片后其内容将无法更改。
- 【只保留文本】选项：选择该选项后，复制对象的格式和非文本对象（如表格、图片、图形等）不会被复制到目标位置，仅保留文本内容。

文本内容被粘贴到目标位置，如下图所示。

另外，用户也可以按【Ctrl+C】组合键复制文本，然后在要粘贴文本内容的位置按【Ctrl+V】组合键粘贴文本。

2. 移动文本

在输入文本内容时，使用剪切功能移动文本可以大大缩短工作时间，提高工作效率。

❶ 在打开的素材文件中，选择第 1 段文本内容，单击【开始】选项卡下【剪贴板】组中的【剪切】按钮 X，如下图所示，或者按【Ctrl+X】组合键。

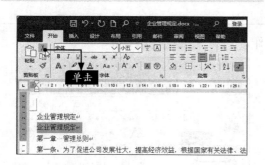

❷ 将光标定位到文本内容最后，单击【开始】选项卡下【剪贴板】组中的【粘贴】下拉按钮，在弹出的下拉列表中选择【保留源格式】选项即可完成文本的移动操作，如下图所示。也可以按【Ctrl+V】组合键完成移动操作。

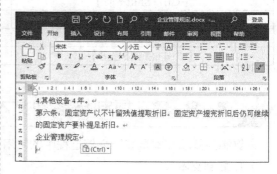

另外，选择要移动的文本，按住鼠标左键并将其拖曳至要移动到的位置，再释放鼠标左键，也可以完成移动文本的操作。

1.2.3 设置字体和字号

在 Word 中，文本通常默认为宋体、五号、黑色。用户可以根据需要对字体和字号等进行设置，主要有以下 3 种方法。

1. 使用【字体】组设置字体格式

在【开始】选项卡下的【字体】组中单击相应的按钮来修改字体格式是最常用的字体格式设置方法，如下图所示。

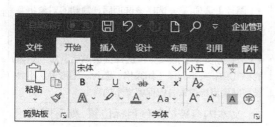

2. 使用【字体】对话框设置字体格式

选择要设置的文字，单击【开始】选项卡下【字体】组右下角的【字体】按钮，或右击选择的文字并在弹出的快捷菜单中选择【字体】命令，会弹出【字体】对话框，在该对话框中可以设置字体格式，如右图所示。

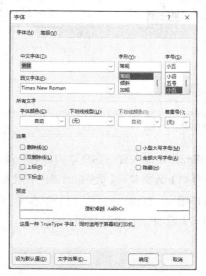

3. 使用浮动工具栏设置字体格式

选择要设置字体格式的文本，此时被选中的文本区域右上角会显示一个浮动工具栏，单击相应的按钮即可修改字体格式，如下图所示。

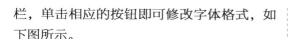

下面以使用【字体】对话框设置字体和字号为例进行介绍，具体操作步骤如下。

❶ 在打开的素材文件中选择第一行标题文本，单击【开始】选项卡下【字体】组右下角的【字体】按钮，如下图所示。

❷ 打开【字体】对话框，在【字体】选项卡下单击【中文字体】下拉列表框右侧的下拉按钮，在弹出的下拉列表中选择【微软雅黑】选项，如下图所示。

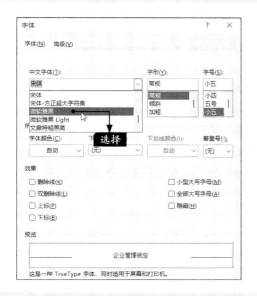

❸ 在【字形】列表框中选择【加粗】选项，在【字号】列表框中选择【三号】选项，单击【确定】按钮，如右上图所示。

为所选文本设置字体和字号后的效果如下图所示。

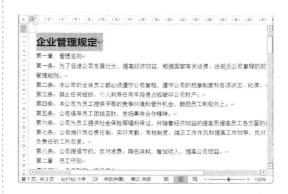

❹ 使用同样的方法，设置正文中章标题的字体为【黑体】、字号为【小四】，节标题的字体为【黑体】、字号为【11】，效果如下图所示。

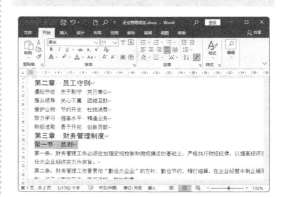

⑤ 根据需要设置正文文本的字体和字号，如设置字体为【等线】、字号为【小五】，效果如右图所示。

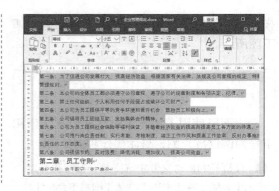

1.2.4 设置对齐方式

Word 中提供了 5 种常用的对齐方式，分别为左对齐、居中对齐、右对齐、两端对齐和分散对齐，如下图所示。

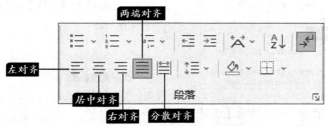

除了通过功能区中【段落】组中的对齐按钮来设置，还可以通过【段落】对话框来设置对齐方式。设置段落对齐方式的具体操作步骤如下。

① 选择标题文本，单击【开始】选项卡下【段落】组中的【居中对齐】按钮 ☰，如下图所示。

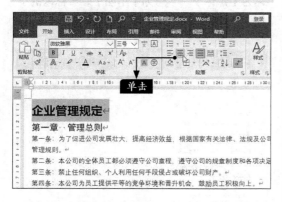

单击【居中对齐】按钮 ☰ 后，光标所在的段落即居中显示，如右上图所示。

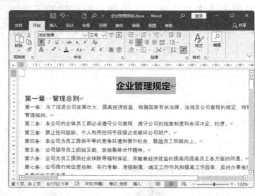

② 按照步骤 **①** 的方法设置其他章、节标题的对齐方式，设置后的效果如下图所示。

1.2.5　设置段落缩进和间距

段落缩进和间距是以段落为单位进行设置的，下面介绍在"企业管理规定"文档中设置段落缩进和间距的方法。

1. 设置段落缩进

段落缩进是指段落到左、右页边界的距离。根据中文的书写形式，通常情况下，正文的每个段落首行都会缩进两个字符。设置段落缩进的具体操作步骤如下。

❶ 在打开的素材文件中，选择要设置缩进的正文文本，单击【段落】组右下角的【段落设置】按钮，如下图所示。

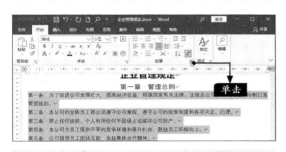

❷ 在弹出的【段落】对话框中单击【特殊】下拉列表框右侧的下拉按钮，在弹出的下拉列表中选择【首行】选项，在【缩进值】文本框中输入"2字符"，单击【确定】按钮，如下图所示。

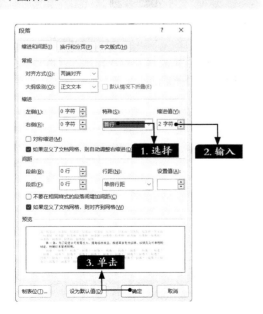

设置正文文本首行缩进 2 字符后的效果如下图所示。

❸ 使用同样的方法，为其他正文内容设置首行缩进 2 字符，效果如下图所示。

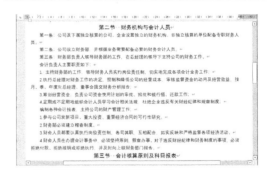

2. 设置段落间距及行距

段落间距是指文档中段落与段落之间的距离，行距是指行与行之间的距离。

❶ 在打开的素材文件中，选择要设置间距及行距的文本并右击，在弹出的快捷菜单中选择【段落】命令，如下图所示。

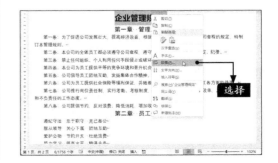

❷ 弹出【段落】对话框，选择【缩进和间距】选项卡。在【间距】区域中分别设置【段前】和【段后】为【1行】，在【行距】下拉列表框中选择【单倍行距】选项，单击【确定】按钮，如下图所示。

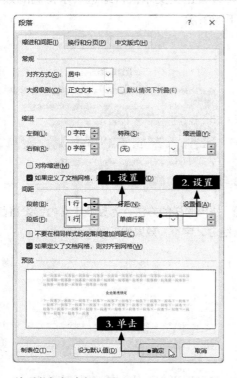

为所选文本设置间距及行距后的效果如下图所示。

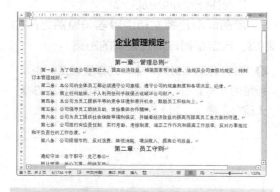

❸ 根据需要设置其他标题的间距及行距，此处将其他标题的段前、段后间距设置为【0.5行】，行距设置为【单倍行距】，效果如右上图所示。

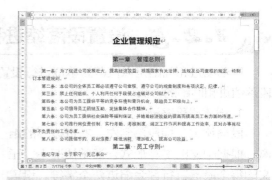

❹ 选择正文文本，打开【段落】对话框，选择【缩进和间距】选项卡。在【行距】下拉列表框中选择【1.5倍行距】选项，单击【确定】按钮，如下图所示。

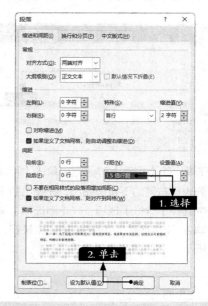

❺ 使用同样的方法，设置全部正文的行距，最终效果如下图所示。

1.2.6 添加项目符号和编号

项目符号和编号可以美化文档，精美的项目符号、统一的编号样式可以使单调的文本内容变得更生动、专业。

1. 添加项目符号

添加项目符号就是在一些段落前面加上完全相同的符号。下面介绍如何在文档中添加项目符号，具体的操作步骤如下。

❶ 在打开的素材文件中，选择要添加项目符号的文本内容，如下图所示。

❷ 单击【开始】选项卡【段落】组中的【项目符号】下拉按钮三▼，在弹出的下拉列表中选择项目符号的样式，如下图所示。

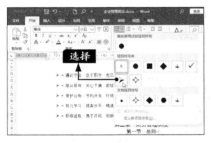

可看到为所选文本添加项目符号后的效果，如下图所示。

❸ 如果要自定义项目符号，可以在【项目符号】下拉列表中选择【定义新项目符号】选项，打开【定义新项目符号】对话框，单击【符号】

按钮，如下图所示。

❹ 打开【符号】对话框，选择要设置为项目符号的符号，单击【确定】按钮，如下图所示。返回至【定义新项目符号】对话框，单击【确定】按钮。

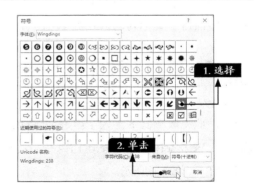

可看到为所选文本添加自定义项目符号后的效果，如下图所示。

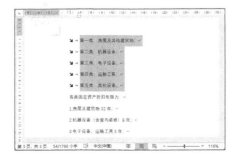

2. 添加编号

添加编号是指按照大小顺序为文档中的行或段落编号。下面介绍如何在文档中添加编号，具体的操作步骤如下。

❶ 在打开的素材文件中选择要添加编号的文本内容，单击【开始】选项卡【段落】组中的【编号】下拉按钮 ≡▾ ，在弹出的下拉列表中选择编号的样式，如下图所示，即可看到为所选文本添加编号后的预览效果。

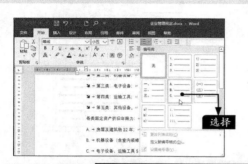

❷ 添加编号后，根据情况调整段落缩进，并使用同样的方法为其他需要添加编号的段落添加编号，效果如下图所示，保存该文档。

1.3 制作公司年度报告

公司年度报告可以是公司整年度的财务报告及其他相关文件，也可以是对公司一年历程的简单总结，如公司的经营状况、举办的活动、制度的改革及文化的发展等。下面以"公司年度工作报告"文档为例，介绍 Word 中编辑长文档的方法。

1.3.1 像翻书一样"翻页"查看报告

在 Word 中，默认的阅读模式是"垂直"，在阅读长文档时，如果使用鼠标拖曳滑块进行浏览，难免效率低下。为了更好地阅读，用户可以使用"翻页"阅读模式查看长文档。

❶ 打开"素材\ch01\公司年度工作报告.docx"文件，单击【视图】选项卡下【页面移动】组中的【翻页】按钮 🔲 ，如下图所示。

进入"翻页"阅读模式，效果如下图所示。

❷ 按【Page Down】键或向下滚动一次鼠标滚轮向后翻页，如下图所示。

❸ 单击【垂直】按钮，退出"翻页"阅读模式，如下图所示。

1.3.2　删除与修改文本

删除与修改文本，是文档编辑过程中的常用操作。删除文本的方法有多种。

键盘中的【Backspace】键和【Delete】键都可以用来删除文档内容。【Backspace】键是退格键，它的作用是使光标左移一格，同时删除光标原位置左边的文本或被选中的文本。【Delete】键用于删除光标右侧的文本或被选中的文本。

1. 使用【Backspace】键删除文本

将光标定位至要删除的文本的右侧，或者选中要删除的文本，按键盘上的【Backspace】键即可将其删除。

2. 使用【Delete】键删除文本

选中要删除的文本，或将光标定位至要删除的文本左侧，按【Delete】键即可将其删除。

❶ 将视图切换至页面视图，选择要删除的文本内容，如右上图所示。

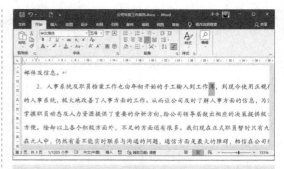

❷ 按【Delete】键将其删除，然后重新输入内容，如下图所示。

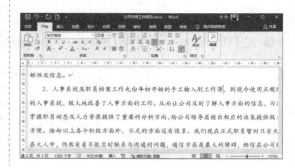

1.3.3 查找与替换文本

查找功能可以帮助用户定位所需的内容，用户也可以使用替换功能将查找到的文本或文本格式替换为新的文本或文本格式。

1. 查找

查找功能可以帮助用户定位目标内容，以便快速找到想要的信息。查找分为查找和高级查找两种。

（1）查找

❶ 在打开的素材文件中，单击【开始】选项卡下【编辑】组中的【查找】下拉按钮，在弹出的下拉列表中选择【查找】选项，如下图所示。

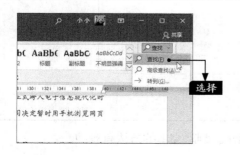

提示 用户也可以按【Ctrl+F】组合键执行【查找】命令。

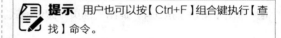

❷ 界面左侧会打开【导航】任务窗格，在文本框中输入要查找的内容，这里输入"公司"，文本框的下方提示"29 个结果"，文档中查找到的内容都会以黄色背景显示，如下图所示。

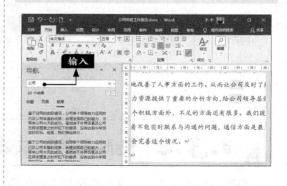

❸　单击任务窗格中的【下一条】按钮 ⌄ ，则定位到下一个匹配项，如下图所示。

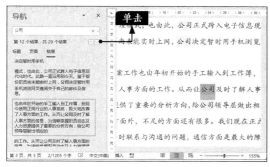

（2）高级查找

单击【开始】选项卡下【编辑】组中的【查找】下拉按钮 🔍查找 ⌄ ，在弹出的下拉列表中选择【高级查找】选项，弹出【查找和替换】对话框。用户可以在【查找】选项卡的【查找内容】文本框中输入要查找的内容，单击【查找下一处】按钮，查找相关内容，如下图所示。另外，也可以单击【更多】按钮，在【搜索选项】和【查找】区域设置查找条件，以快速定位要查找的内容。

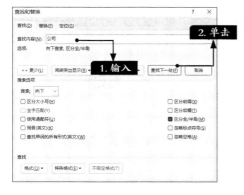

2.替换

替换功能可以帮助用户快速更改查找到的文本或批量修改相同的文本。

❶　在打开的素材文件中，单击【开始】选项卡下【编辑】组中的【替换】按钮 替换 ，或按【Ctrl+H】组合键，弹出【查找和替换】对话框，如右上图所示。

❷　在【替换】选项卡的【查找内容】文本框中输入需要被替换的内容（这里输入"完善"），在【替换为】文本框中输入用于替换的新内容（这里输入"改善"），单击【查找下一处】按钮，如下图所示。

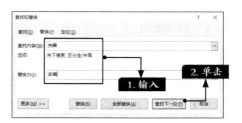

❸　软件定位到从当前光标所在位置起第一个满足查找条件的文本，并以灰色背景显示文本，单击【替换】按钮就可以将查找到的内容替换为新内容，并跳转至查找到的第二个内容，如下图所示。

❹　如果需要将文档中所有相同的内容替换掉，单击【全部替换】按钮，Word 就会自动将整个文档内查找到的所有目标内容替换为新内容，并弹出提示对话框显示完成替换的数量，单击【确定】按钮关闭提示对话框，如下图所示。

1.3.4 使用批注和修订功能

批注和修订可以提示文档审阅者和制作者要注意的问题、改正错误，从而使文档更专业。

1. 使用批注功能

批注是文档的审阅者为文档添加的注释、说明、建议和意见等信息。文档制作者在把文档分发给审阅者前设置文档保护，可以使审阅者只能添加批注而不能对文档正文进行修改。批注可以方便工作组成员之间的交流。

（1）添加批注

批注是对文档的特殊说明，可添加批注的对象是包括文本、表格、图片在内的文档内的所有内容。Word 以有颜色的括号将批注的内容括起来，背景色也将变为相同的颜色。默认情况下，批注显示在文档外的标记区，批注与被批注的文本使用与批注颜色相同的线连接。添加批注的具体操作步骤如下。

❶ 在打开的素材文件中选择要添加批注的文本，单击【审阅】选项卡下【批注】组中的【新建批注】按钮，如下图所示。

❷ 批注框出现，在批注框中输入批注内容即可。单击【答复】按钮可以答复批注，单击【解决】按钮可以显示批注完成，如下图所示。

❸ 如果对批注的内容不满意，可以直接单击需要修改的批注，编辑批注，如下图所示。

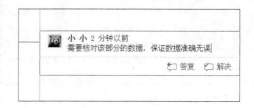

（2）删除批注

当不再需要文档中的批注时，用户可以将其删除，删除批注常用的方法有以下3种。

方法1：选择要删除的批注，此时【审阅】选项卡下【批注】组中的【删除】下拉按钮处于可用状态，单击该下拉按钮，在弹出的下拉列表中选择【删除】选项，如下图所示，即可将选中的批注删除。删除之后，【删除】选项处于不可用状态。

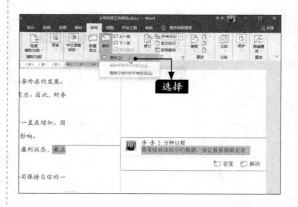

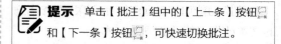

📝 **提示** 单击【批注】组中的【上一条】按钮和【下一条】按钮，可快速切换批注。

方法2：右击需要删除的批注，在弹出的快捷菜单中选择【删除批注】命令，如下页图所示。

方法 3：如果要删除所有批注，可以单击【审阅】选项卡下【批注】组中的【删除】下拉按钮，在弹出的下拉列表中选择【删除文档中的所有批注】选项，如下图所示。

2. 使用修订功能

启用修订功能后，审阅者的每一次插入、删除或是格式更改操作都会被标记出来。这样能够让文档制作者跟踪多位审阅者对文档做出的修改，并可选择接受或者拒绝这些修改。

（1）修订文档

修订文档首先需要使文档处于修订状态。

❶ 打开素材文件，单击【审阅】选项卡下【修订】组中的【修订】按钮，如下图所示，使文档处于修订状态。

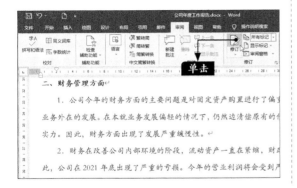

❷ 修改文档后，所做的所有修改都将被记录下来，如下图所示。

（2）接受修订

如果修订是正确的，就可以接受修订。将光标定位在需要接受修订的内容处，然后单击【审阅】选项卡下【更改】组中的【接受】按钮，如下图所示，即可接受该修订。然后系统将选中下一条修订。

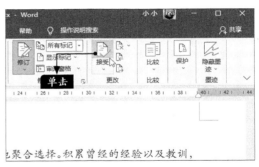

（3）拒绝修订

如果要拒绝修订，可以将光标定位在需要拒绝修订的内容处，单击【审阅】选项卡下【更改】组中的【拒绝】下拉按钮，在弹出的下拉列表中选择【拒绝并移到下一处】选项，如下图所示。然后系统将选中下一条修订。

（4）删除所有修订

单击【审阅】选项卡下【更改】组中的【拒绝】下拉按钮 ，在弹出的下拉列表中选择【拒绝所有修订】选项，如下图所示，即可删除文档中的所有修订。

第

2章

美化文档：插图、表格、图形

本章导读

一份图文并茂的文档，不仅生动形象，而且内容翔实。本章介绍页面设置、插入艺术字、插入图片、插入表格、插入形状、插入 SmartArt 图形，以及插入图表等操作。

重点内容

✚ 掌握插入图片的方法
✚ 掌握插入表格的方法
✚ 掌握插入形状和 SmartArt 图形的方法
✚ 掌握插入图表的方法

2.1 制作公司宣传彩页

公司宣传彩页要根据公司的性质确定主体色调和整体风格，这样才能突出主题、吸引消费者。

2.1.1 设置页边距

页边距有两个作用：一是便于装订，二是使文档更加美观。使用调整页边距功能时可以设置上、下、左、右页边距，以及页眉和页脚距页面边缘的距离。

❶ 新建空白文档，并将其保存为"公司宣传彩页 .docx"，如下图所示。

❷ 单击【布局】选项卡下【页面设置】组中的【页边距】按钮，在弹出的下拉列表中任选一种页边距样式，可快速设置页边距。如果要自定义页边距，可在弹出的下拉列表中选择【自定义页边距】选项，如下图所示。

❸ 弹出【页面设置】对话框，在【页边距】选项卡下的【页边距】区域中可以自定义【上】、

【下】、【左】、【右】页边距，如将【上】、【下】、【左】、【右】页边距都设置为【2 厘米】，单击【确定】按钮，如下图所示。

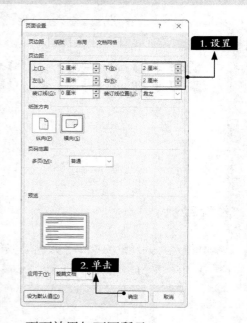

页面效果如下图所示。

2.1.2 设置纸张的方向和大小

纸张的方向和大小会影响文档的打印效果，因此在文档制作过程中设置合适的纸张方向和大小非常重要，具体操作步骤如下。

❶ 单击【布局】选项卡下【页面设置】组中的【纸张方向】按钮，在弹出的下拉列表中可以设置纸张方向为"横向"或"纵向"，如选择【横向】选项，如下图所示。

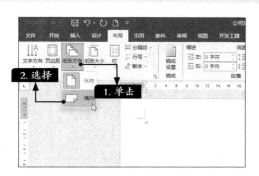

❷ 单击【布局】选项卡下【页面设置】组中的【纸张大小】按钮，在弹出的下拉列表中可以选择纸张的大小。如果要将纸张设置为其他大小，可选择【其他纸张大小】选项，如下图所示。

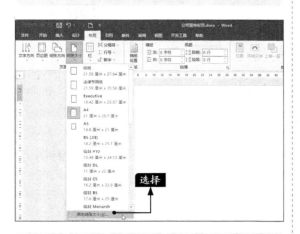

❸ 弹出【页面设置】对话框，在【纸张】选项卡下的【纸张大小】区域中选择【自定义大小】，并将【宽度】设置为【32 厘米】，【高度】设置为【24 厘米】，单击【确定】按钮，如下图所示。

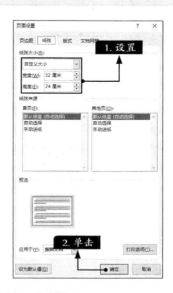

效果如下图所示。

2.1.3 设置页面背景

设置页面背景，如设置纯色背景、填充背景等，可使文档更加美观。

1. 纯色背景

下面介绍设置页面背景为纯色的方法，具体操作步骤如下。

单击【设计】选项卡下【页面背景】组中的【页面颜色】按钮，在弹出的下拉列表中选择背景颜色，这里选择【浅蓝】，如下图所示。

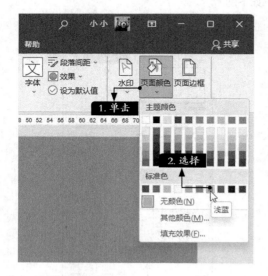

效果如下图所示。

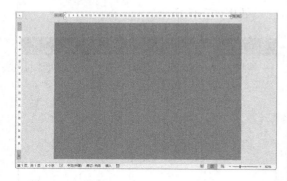

2. 填充背景

除了纯色背景，我们还可以使用填充效果来设置文档的背景，包括渐变填充、纹理填充、图案填充和图片填充等，具体操作步骤如下。

❶ 单击【设计】选项卡下【页面背景】组中的【页面颜色】按钮，在弹出的下拉列表中选择【填充效果】选项，如右上图所示。

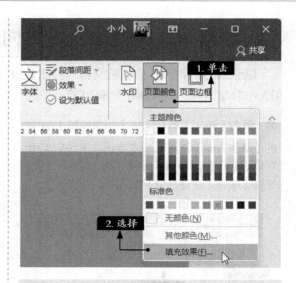

❷ 弹出【填充效果】对话框，选中【双色】单选按钮，分别设置右侧的【颜色1】和【颜色2】，这里将【颜色1】设置为【蓝色，个性色5，淡色80%】，【颜色2】设置为【白色】，如下图所示。

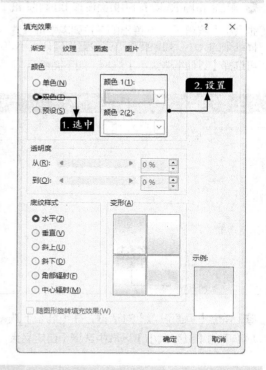

❸ 在下方的【底纹样式】区域中，选中【角部辐射】单选按钮，然后单击【确定】按钮，如下页图所示。

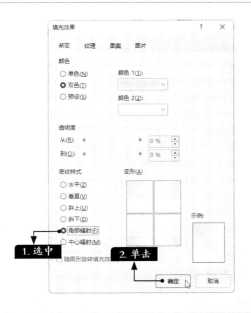

页面效果如下图所示。

 提示 设置纹理填充、图案填充和图片填充的操作与上述操作类似，这里不再赘述。

2.1.4 使用艺术字美化宣传彩页

艺术字具有特殊效果，它不是普通的文字，而是图形，用户可以像处理其他图形那样对其进行处理。使用 Word 的插入艺术字功能可以制作出美观的艺术字，并且操作非常简单。

创建艺术字的具体操作步骤如下。

❶ 单击【插入】选项卡下【文本】组中的【艺术字】按钮 ⍁，在弹出的下拉列表中选择一种艺术字样式，如下图所示。

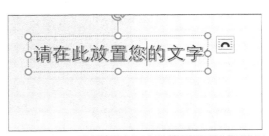

❸ 在艺术字文本框中输入"龙马电器销售公司"，完成艺术字的创建，如下图所示。

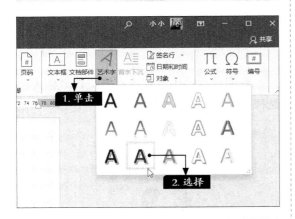

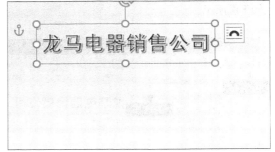

❷ 文档中出现"请在此放置您的文字"艺术字文本框，如右上图所示。

④ 将鼠标指针放置在艺术字文本框上，拖曳艺术字文本框，将艺术字文本框调整至合适的位置，如右图所示。

2.1.5 插入图片

图片可以使文档更加美观。用户可以在文档中插入本地图片，也可以插入联机图片。在 Word 中插入保存在计算机硬盘中的图片的具体操作步骤如下。

❶ 打开"素材\ch02\公司宣传彩页文本.docx"文件，将其中的内容复制到"公司宣传彩页.docx"文档中，并根据需要调整字体、段落格式等，效果如下图所示。

❷ 将光标放置在要插入图片的位置，单击【插入】选项卡下【插图】组中的【图片】按钮，在弹出的下拉列表中选择【此设备】选项，如下图所示。

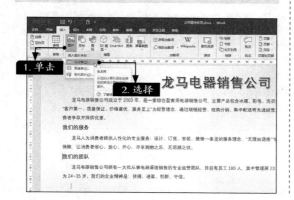

❸ 在弹出的【插入图片】对话框中选择需要插入的"素材\ch02\01.png"文件，单击【插入】按钮，如下图所示。

此时，文档中光标所在的位置就插入了选择的图片，如下图所示。

2.1.6 设置图片的格式

将图片插入 Word 文档后，其格式不一定符合要求，这时就需要对图片的格式进行适当的调整。

1.调整图片的大小及位置

插入图片后可以根据需要调整图片的大小及位置，具体操作步骤如下。

❶ 选中插入的图片，将鼠标指针放在图片 4 个角的控制点上，当鼠标指针变为 ⬉ 形状或 ⬈ 形状时，如下图所示，按住鼠标左键并拖曳，调整图片的大小。

> 📝 **提示** 在【图片工具－图片格式】选项卡下的【大小】组中可以精确调整图片的大小，如下图所示。

❷ 将光标定位至图片后面，插入"素材\ch02\02.png"文件，并根据上述步骤调整图片的大小，效果如下图所示。

❸ 选中插入的两张图片，将它们居中显示，效果如右上图所示。

❹ 按【Space】键，使两张图片之间有一定的距离，如下图所示。

2.美化图片

插入图片后，用户还可以调整图片的颜色、设置艺术效果、修改图片的样式，使图片更美观。美化图片的具体操作步骤如下。

❶ 选择要编辑的图片，单击【图片工具－图片格式】选项卡下【图片样式】组中的【其他】按钮，在弹出的下拉列表中选择一种图片样式，如这里选择【居中矩形阴影】样式，如下图所示。

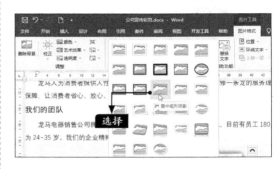

效果如下页图所示。

② 使用同样的方法，为第二张图片应用【居中矩形阴影】样式，效果如下图所示。

③ 根据情况调整图片的位置及大小，最终效果如下图所示。

2.1.7 插入图标

在 Word 中，用户可以根据需要在文档中插入系统自带的图标。

① 将光标定位在标题前，单击【插入】选项卡下【插图】组中的【图标】按钮，如下图所示。

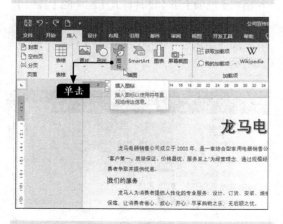

② 在弹出的对话框中的文本框下方选择图标

的类型，下方将显示对应类型的图标，如这里选择【业务】类型下的图标，然后单击【插入】按钮，如下图所示。

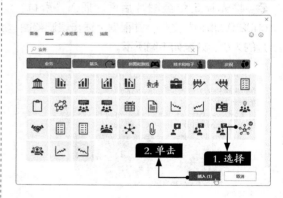

效果如下页图所示。

❸ 选中插入的图标，将鼠标指针放置在图标的右下角，鼠标指针变为 ⬚ 形状，拖曳调整其大小，如下图所示。

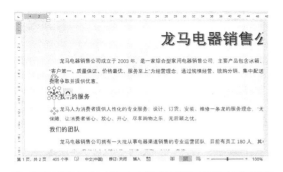

❹ 选中该图标，单击图标右侧的【布局选项】按钮 ▣，在弹出的下拉列表中选择【紧密型环绕】选项，如下图所示。

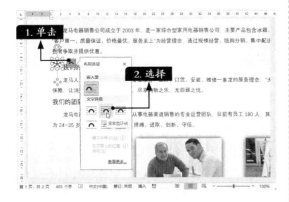

为图标设置布局选项后的效果如下图所示。

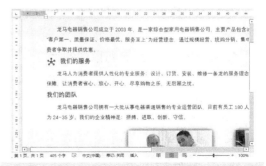

❺ 使用同样的方法设置其他标题的图标，如下图所示。

❻ 图标设置完成后，可根据情况调整文档的细节并保存，最终效果如下图所示。

2.2　制作个人简历

在制作简历时，可以将所有需要介绍的内容放置在一个表格中，也可以根据实际需要将信息分成不同的模块并为这些模块分别绘制表格。

2.2.1 快速插入表格

表格是由多个行和列的单元格组成的，用户可以在单元格中添加文字或图片。下面介绍快速插入表格的方法。

1. 快速插入 10 列 8 行以内的表格

在单击【表格】按钮 后弹出的下拉列表中可以快速创建 10 列 8 行以内的表格，具体操作步骤如下。

❶ 新建 Word 文档，并将其保存为"个人简历 .docx"，如下图所示。

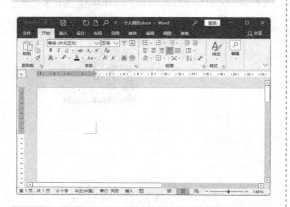

❷ 输入标题"个人简历"，设置其字体为【华文楷体】，字号为【小一】，并居中对齐，然后按两次【Enter】键换行，并清除格式，如下图所示。

❸ 将光标定位到需要插入表格的位置，单击【插入】选项卡下【表格】组中的【表格】按钮 ，在弹出的下拉列表中选择网格显示框，即将鼠标指针指向网格显示框左上角，向右下方拖曳，鼠标指针所掠过的单元格就会被全部

选中并高亮显示，如下图所示。在网格顶部的提示栏中会显示被选中表格的行数和列数，同时在光标所在区域可以预览到所要插入的表格。

❹ 单击即可插入表格，如下图所示。

2. 精确插入指定行列数的表格

使用上述方法，虽然可以快速创建表格，但是只能创建 10 列 8 行以内的表格，且不方便插入指定行列数的表格。而通过【插入表格】对话框，则可以在创建表格时不受行数和列数的限制，并且可以对表格的宽度进行调整。

删除前面创建的表格，将光标定位到需要插入表格的位置，在单击【表格】按钮 后弹出的下拉列表中选择【插入表格】选项。弹出【插入表格】对话框，在【表格尺寸】区域中设置【列数】为【5】、【行数】为【9】，其他选项保持默认，然后单击【确定】按钮，如下图所示。

文档中插入了一个 9 行 5 列的表格，如下图所示。

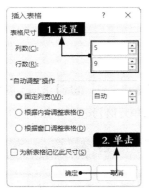

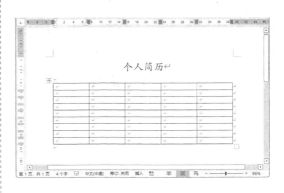

> **提示** 当需要创建不规则的表格时，可以使用表格绘制工具来创建表格。单击【插入】选项卡下【表格】组中的【表格】按钮，在下拉列表中选择【绘制表格】选项，如下左图所示。鼠标指针变为铅笔形状，在需要绘制表格的地方单击并拖曳鼠标绘制出表格的外边界，形状为矩形，可以在该矩形中绘制行线、列线，直至满意为止，如右下图所示。按【Esc】键退出表格绘制模式。

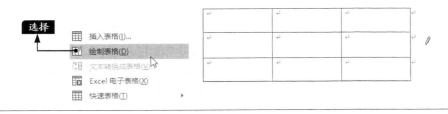

2.2.2 合并和拆分单元格

把相邻单元格之间的边线去除，就可以将两个或多个单元格合并成一个大的单元格；而在一个单元格中添加一条或多条边线，就可以将一个单元格拆分成两个或多个小单元格。下面介绍如何合并与拆分单元格。

1. 合并单元格

实际操作中，有时需要将表格的两个或多个单元格合并为一个单元格。使用【合并单元格】选项可以快速地去除多余的线条，使两个或多个单元格合并成一个单元格。

 在创建的表格中选中要合并的单元格，如下图所示。

❷ 单击【表格工具 –布局】选项卡下【合并】组中的【合并单元格】按钮，如下图所示。

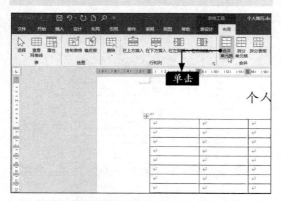

所选单元格合并，形成一个新的单元格，如下图所示。

❸ 使用同样的方法合并其他单元格，合并后的效果如下图所示。

2. 拆分单元格

拆分单元格就是将选中的单元格拆分成等宽或等高的多个小单元格。可以同时对多个单元格进行拆分。

❶ 选中要拆分的单元格或者将光标移动到要拆分的单元格中，这里选择第 6 行第 2 列单元格，如右上图所示。

❷ 单击【表格工具 –布局】选项卡下【合并】组中的【拆分单元格】按钮，如下图所示。

❸ 弹出【拆分单元格】对话框，单击【列数】和【行数】微调框右侧的微调按钮，分别调节单元格要拆分成的列数和行数，也可以直接在微调框中输入数值。这里设置【列数】为【2】、【行数】为【5】，单击【确定】按钮，如下图所示。

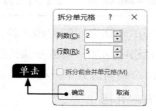

此时该单元格被拆分成了 5 行 2 列的单元格，效果如下图所示。

2.2.3　调整表格的行与列

在文档中插入表格后，可以对表格进行编辑，如添加、删除行和列，设置行高和列宽等。

1. 添加、删除行和列

使用表格时，经常会出现单元格的行、列不够用或多余的情况。Word 提供了多种添加或删除单元格行、列的方法。

（1）添加行或列

下面介绍如何在表格中添加行。

将光标定位在某个单元格中，在【表格工具 – 布局】选项卡下的【行和列】组中，选择相对于当前单元格将要添加的新行的位置，这里单击【在上方插入】按钮，如下图所示。

选择行的上方添加新行，效果如下图所示。添加列的操作与此类似。

> **提示**　将光标定位在某行最后一个单元格的外边，按【Enter】键，可快速添加新行。

另外，在表格的左侧或顶端，将鼠标指针移动到行与行或列与列之间，将显示标记 ⊞，单击该标记，即可在该标记下方添加行或在右侧添加列。

（2）删除行或列

删除行或列有以下两种方法。

方法一：使用快捷键

选中需要删除的行或列，这里选中行，如下图所示，按【Backspace】键。

选定的行被删除，如下图所示。

使用该方法时，选中整行或整列，然后按【Backspace】键方可将其删除，否则会弹出【删除单元格】对话框，如下图所示。

方法二：使用功能区

选中需要删除的列或行，单击【表格工具－布局】选项卡下【行和列】组中的【删除】按钮，如下图所示，在弹出的下拉列表中选择【删除列】或【删除行】选项，即可将选中的列或行删除。

2. 设置行高和列宽

在文档中不同的行可以有不同的高度，但同一行中的所有单元格必须具有相同的高度。一般情况下，向表格中输入文本时，Word 会自动调整单元格的行高以适应输入的内容。如果觉得单元格的列宽或行高太大或者太小，也可以手动进行调整。

手动调整表格行高和列宽的方法比较直观，但不够精确，具体操作步骤如下。

❶ 将鼠标指针移动到需要调整行高的单元格的行线上，当鼠标指针变为 ÷ 形状时，按住鼠标左键向上或向下拖曳，此时会显示一条虚线来指示新的行线，松开鼠标左键即可完成调整行高的操作，如下图所示。

个人简历↵

❷ 将鼠标指针放置在要调整列宽的单元格的列线上，当鼠标指针变为 ⊪ 形状时，按住鼠标

左键向左或向右拖曳，如下图所示。

❸ 将单元格列线拖曳至合适位置后释放鼠标左键，即可完成调整列宽的操作，如下图所示。

❹ 使用同样的方法，根据需要调整文档中各单元格的行高及列宽，最终效果如下图所示。

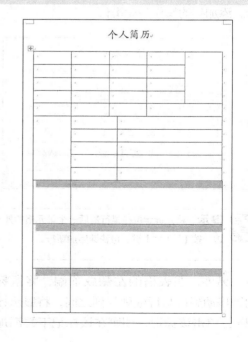

此外，在【表格工具－布局】选项卡下的【单元格大小】组中单击【表格行高】和【表格列宽】微调框后的微调按钮或者直接输入数值，可精确调整各单元格的行高及列宽，如右图所示。

2.2.4　编辑表格内容格式

表格创建完成后，可在表格中输入内容并编辑内容的格式，具体操作步骤如下。

❶ 根据需要在表格中输入内容，效果如下图所示。

❷ 选择前 5 行，设置文本字体为【楷体】、字号为【14】，效果如下图所示。

❸ 单击【表格工具－布局】选项卡下【对齐方式】组中的【水平居中】按钮，如右上图所示。

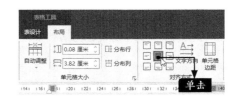

为文本设置的水平居中对齐效果如下图所示。

❹ 使用同样的方法，根据需要设置"求职意向"后面的单元格中文本的字体为【楷体】、字号为【14】、对齐方式为【左对齐】，效果如下图所示。

❺ 根据需要设置其他文本的字体为【楷体】、字号为【16】，添加加粗效果，并设置对齐方式为【水平居中】，效果如下图所示。

个人简历

姓名		性别		
出生年月		民族		照片
学历		专业		
电话		电子邮箱		
籍贯		联系地址		
求职意向	目标职位			
	目标行业			
	期望薪金			
	期望工作地区			
	到岗时间			
教育履历				
工作经历				
个人评价				

至此，个人简历的制作就完成了。

2.3 制作订单处理流程图

Word 提供了线条、矩形、基本形状、箭头总汇、公式形状、流程图、星与旗帜和标注等多种自选形状，读者可以根据需要选择合适的形状来美化文档。

2.3.1 绘制流程图形状

流程图可以展示某一项工作的流程，比文字描述更直观、形象。绘制流程图形状的具体操作步骤如下。

❶ 新建空白 Word 文档，并将其保存为"工作流程图 .docx"。输入文档标题"订单处理工作流程图"，根据需要设置文本字体和段落样式，然后输入其他正文内容，效果如右图所示。

订单处理工作流程图

网上订单处理工作流程图如下。

❷ 单击【插入】选项卡下【插图】组中的【形状】按钮，在弹出的下拉列表中选择【基本形状】区域的【椭圆】形状，如下图所示。

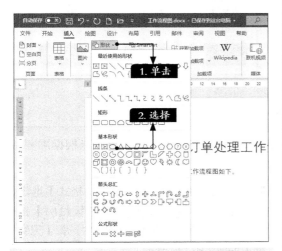

❸ 在文档中确定好要绘制形状的起始位置，按住鼠标左键并拖曳至合适位置，松开鼠标左键，完成椭圆形状的绘制，如下图所示。

❹ 单击【插入】选项卡下【插图】组中的【形状】按钮，在弹出的下拉列表中选择【流程图】区域的【流程图：过程】形状，如下图所示。

❺ 在文档中绘制【流程图：过程】形状，效果如右上图所示。

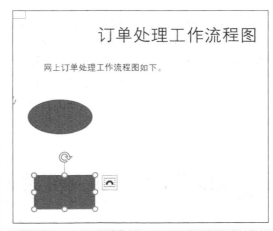

❻ 选中绘制的【流程图：过程】形状，按【Ctrl+C】组合键复制，然后按6次【Ctrl+V】组合键，完成图形的复制，如下图所示。

❼ 重复步骤❹、步骤❺的操作，绘制【流程图：终止】形状，效果如下图所示。

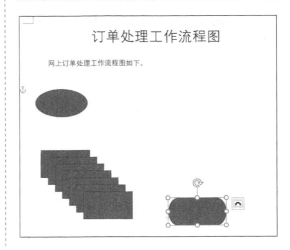

39

⑧ 依次选中绘制的形状，调整它们的位置和大小，使它们合理地分布在文档中。调整自选形状的大小及位置的操作与调整图片大小及位置的操作相同，这里不赘述。调整完成后的效果如右图所示。

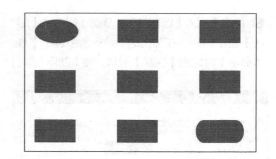

2.3.2 美化流程图形状

插入自选形状时，Word 为插入的自选形状应用了默认的效果，用户也可以根据需要设置形状的显示效果，使其更美观，具体操作步骤如下。

❶ 选择椭圆形状，单击【形状格式】选项卡下【形状样式】组中的【其他】按钮▼，在弹出的下拉列表中选择【中等效果 -绿色，强调颜色 6】样式，如下图所示。

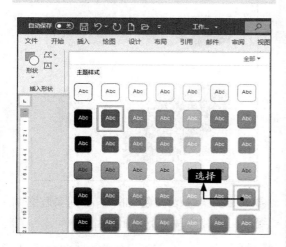

选择的样式应用到椭圆形状，效果如下图所示。

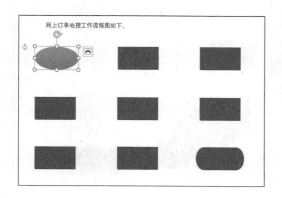

❷ 选中椭圆形状，单击【形状格式】选项卡下【形状样式】组中的【形状轮廓】按钮 ☑ 形状轮廓 ，在弹出的下拉列表中选择【无轮廓】选项，如下图所示。

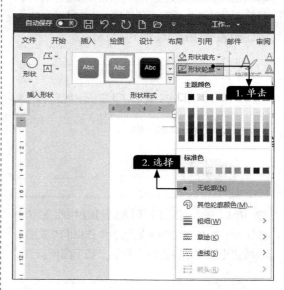

❸ 单击【形状格式】选项卡下【形状样式】组中的【形状效果】按钮 ☑ 形状效果 ，在弹出的下拉列表中选择【棱台】→【棱台】→【圆形】选项，如下页图所示。

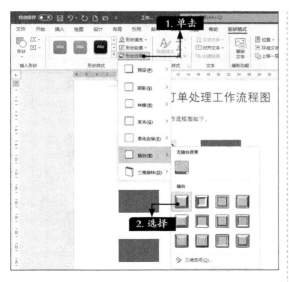

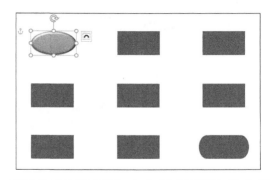

美化椭圆形状后的效果如右上图所示。

❹　使用同样的方法，根据需要美化其他自选形状，最终效果如下图所示。

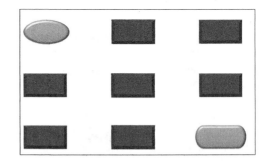

2.3.3　连接所有流程图形状

绘制并美化流程图形状后，需要将它们连接起来，并输入流程描述文字，以完成流程图的绘制，具体操作步骤如下。

❶　单击【插入】选项卡下【插图】组中的【形状】按钮，在弹出的下拉列表中，选择【线条】区域的【直线箭头】形状，如下图所示。

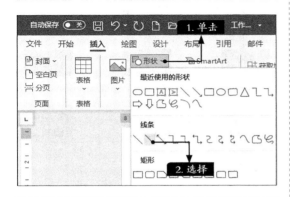

❷　按住【Shift】键，在文档中绘制直线箭头，如右上图所示。

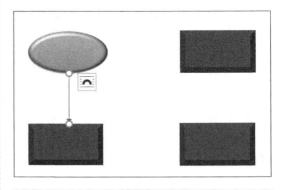

❸　选中绘制的形状，单击【形状格式】选项卡下【形状样式】组中的【形状轮廓】按钮，在弹出的下拉列表中选择【黑色】选项，将直线箭头的颜色设置为【黑色】、【粗细】设置为【1.5磅】，并将【箭头】设置为【箭头样式2】，如下页图所示。

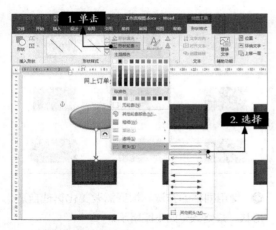

效果如下图所示。

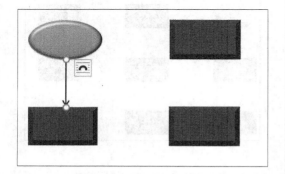

❹ 选中并复制直线箭头，将其粘贴至合适的位置，最终效果如下图所示。

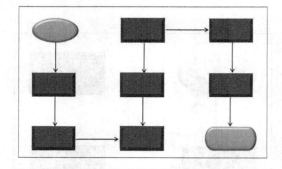

❺ 选中第一个形状，右击，在弹出的快捷菜单中选择【添加文字】命令，如右上图所示。

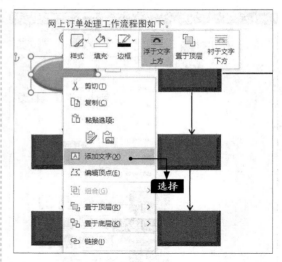

网上订单处理工作流程图如下。

❻ 形状内会显示光标，输入文字"提交订单"，并根据需要设置其字体样式，效果如下图所示。

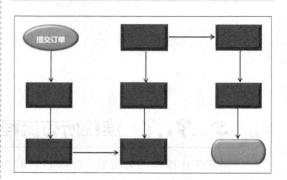

❼ 使用同样的方法添加其他文字，完成流程图的制作，效果如下图所示。

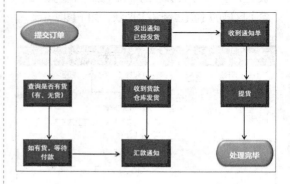

2.3.4 为流程图插入制图信息

流程图绘制完成后，可以根据需要在其下方插入制图信息，如制图人的姓名、绘制图形的日期等，具体操作步骤如下。

❶ 单击【插入】选项卡下【文本】组中的【文本框】按钮，在弹出的下拉列表中选择【绘制横排文本框】选项，如下图所示。

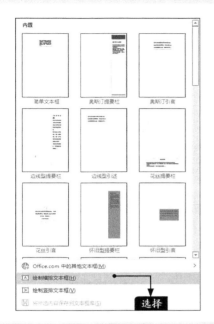

❷ 在流程图下方绘制文本框，并在文本框中输入制图信息，然后根据需要设置文字样式，如下图所示。

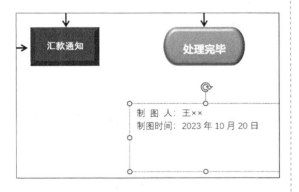

❸ 调整文本框的大小，并在【形状格式】选项卡下【形状样式】组中单击【形状轮廓】按钮，在弹出的下拉列表中选择【无轮廓】选项，如下图所示。

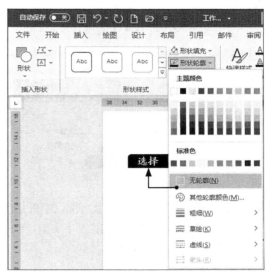

至此，工作流程图的制作就完成了，最终效果如下图所示。

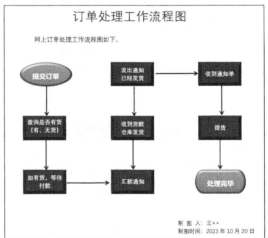

2.4 制作公司组织结构图

SmartArt 图形可以形象、直观地展示重要的文本信息，吸引观者的眼球。下面介绍如何使用 SmartArt 图形制作公司组织结构图。

2.4.1 插入组织结构图

Word 提供了列表、流程、循环、层次结构、关系、矩阵、棱锥图、图片等多种 SmartArt 图形，插入组织结构图的具体操作步骤如下。

❶ 新建空白文档，并将其保存为"公司组织结构图 .docx"。单击【插入】选项卡下【插图】组中的【SmartArt】按钮 ▢ SmartArt ，如下图所示。

❷ 弹出【选择 SmartArt 图形】对话框，选择【层次结构】选项，选择【组织结构图】类型，单击【确定】按钮，如下图所示。

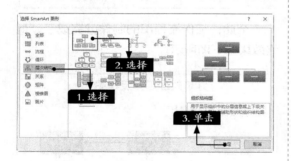

完成组织结构图的插入，效果如下图所示。

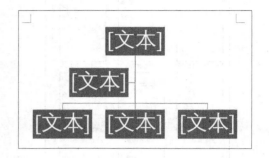

❸ 在左侧的【在此处键入文字】窗格中输入文字，或者在图形中直接输入文字，效果如下图所示。

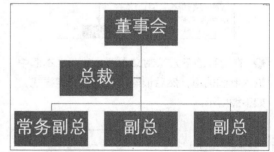

2.4.2 增加组织结构项目

插入组织结构图之后，如果该图不能完整显示公司的组织结构，还可以根据需要新增组织结构项目，具体操作步骤如下。

❶ 选中【董事会】形状，单击【SmartArt 设计】选项卡下【创建图形】组中的【添加形状】下拉按钮 ⌄ ，在弹出的下拉列表中选择【添加助理】选项，如右图所示。

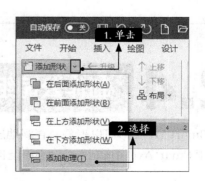

【董事会】图形下方添加新的形状，如下图所示。

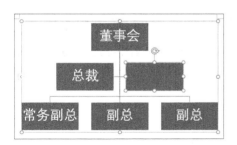

❷ 选中【常务副总】形状，单击【SmartArt 设计】选项卡下【创建图形】组中的【添加形状】下拉按钮，在弹出的下拉列表中选择【在下方添加形状】选项，如下图所示。

【常务副总】形状下方添加新的形状，如下图所示。

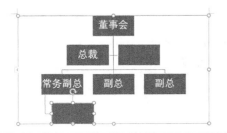

❸ 重复步骤❷的操作，在【常务副总】形状下方再次添加新形状，如下图所示。

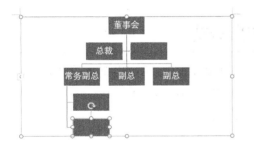

❹ 选中【常务副总】形状下方添加的第一个新形状，并在其下方添加形状，如下图所示。

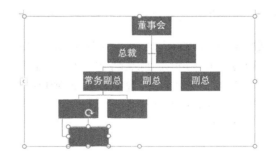

❺ 重复上面的操作，添加其他形状，增加组织结构项目后的效果如下图所示。

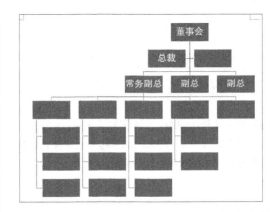

❻ 根据需要在新添加的形状中输入文字内容，如下图所示。

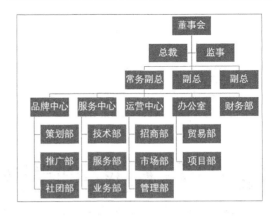

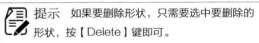
提示 如果要删除形状，只需要选中要删除的形状，按【Delete】键即可。

2.4.3 改变组织结构图的版式

创建组织结构图后，可以根据需要更改组织结构图的版式，具体操作步骤如下。

❶ 选中创建的组织结构图，将鼠标指针放在图形边框右下角的控制点上，当鼠标指针变为 ⬔ 形状时，按住鼠标左键并拖曳，调整组织结构图的大小，如下图所示。

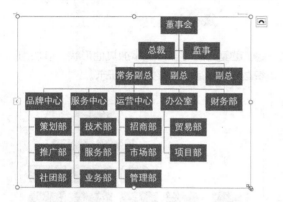

❷ 单击【SmartArt 设计】选项卡下【版式】组中的【其他】按钮，在弹出的下拉列表中选择【半圆组织结构图】版式，如下图所示。

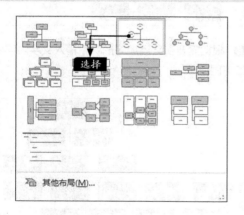

更改组织结构图版式后的效果如下图所示。

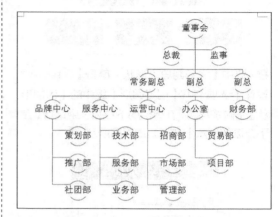

❸ 如果对更改后的版式不满意，还可以根据需要再次改变组织结构图的版式，如下图所示。

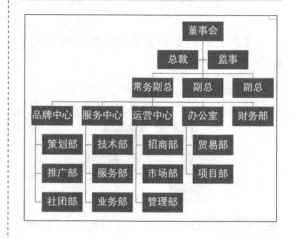

2.4.4 设置组织结构图的格式

绘制组织结构图并更改其版式之后，可以根据需要设置组织结构图的格式，使其更美观。

❶ 选择组织结构图，单击【SmartArt 设计】选项卡下【SmartArt 样式】组中的【更改颜色】按钮，在弹出的下拉列表中选择一种彩色样式，如下页图所示。

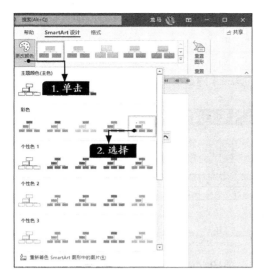

为组织结构图更改颜色后的效果如下图所示。

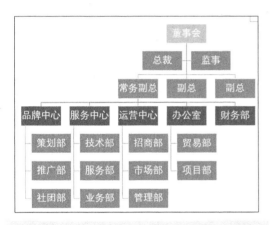

❷　选择组织结构图，单击【SmartArt 设计】选项卡下【SmartArt 样式】组中的【其

他】按钮，在弹出的下拉列表中选择一种 SmartArt 样式，如下图所示。

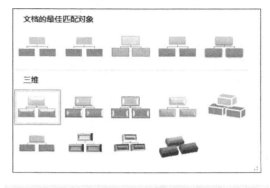

❸　更改 SmartArt 图形的样式后，图形中文字的样式会随之发生改变，用户需要重新设置文字的样式，制作完成后，组织结构图的效果如下图所示。

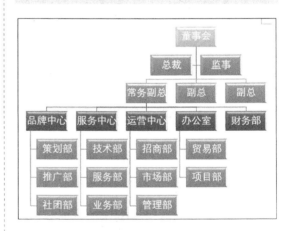

至此，公司组织结构图的制作就完成了。

2.5　制作公司销售季度图表

Word 提供了插入图表的功能，可以对数据进行简单的分析，从而清楚地展示数据的变化情况，分析数据蕴含的规律，以便进行预测。

2.5.1　插入图表

Word 提供了柱形图、折线图、饼图、条形图、面积图、XY 散点图、地图、股价图、曲面图、雷达图、树状图、旭日图、直方图、箱形图、瀑布图、漏斗图等图表以及组合图表，用户可以根据需要插入图表。插入图表的具体操作步骤如下。

❶ 打开"素材 \ch02\ 公司销售图表 .docx"文件，然后将光标定位至要插入图表的位置，单击【插入】选项卡下【插图】组中的【图表】按钮 📊图表，如下图所示。

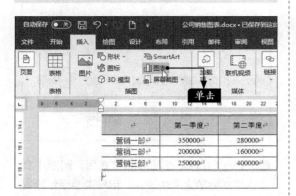

❷ 在弹出的【插入图表】对话框中，选择要创建的图表类型，这里选择【柱形图】下的【簇状柱形图】选项，单击【确定】按钮，如下图所示。

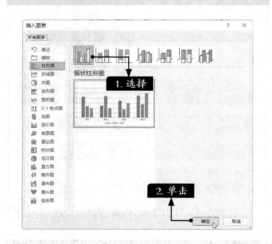

❸ 此时将弹出【Microsoft Word 中的图表】对话框，将素材文件中的表格内容依次输入，如下图所示，然后关闭【Microsoft Word 中的图表】对话框。

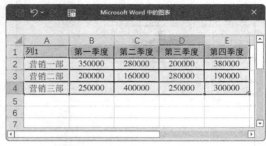

创建完成，效果如下图所示。

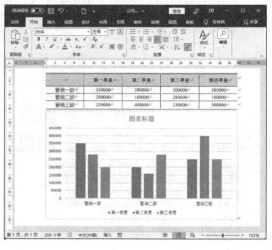

2.5.2　编辑图表中的数据

创建图表后，如果发现数据输入有误或者需要修改数据，只要对数据进行修改，图表会自动发生变化。将营销一部第二季度的销量"280000"更改为"320000"的具体操作步骤如下。

❶ 选中第 2 行第 3 列单元格中的数据，删除选中的数据并输入"320000"，如下页图所示。

下表是各销售部门季度销售情况表。

	第一季度	第二季度
营销一部	350000	320000
营销二部	200000	160000
营销三部	250000	400000

❷ 在创建的图表上单击鼠标右键，在弹出的快捷菜单中选择【编辑数据】命令，如下图所示。

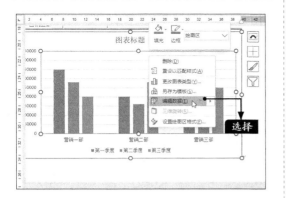

❸ 此时将弹出【Microsoft Word 中的图表】对话框，将 C2 单元格的数据由 "280000" 更改为 "320000"，并关闭【Microsoft Word

中的图表】对话框。修改数据后的效果如下图所示。

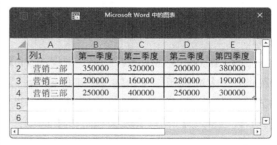

图表中显示的数据发生了变化，如下图所示。

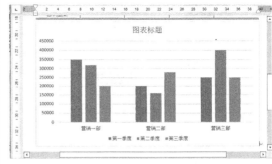

2.5.3 美化图表

完成图表的编辑后，用户可以对图表进行美化操作，如设置图表标题、添加图表元素、更改图表样式等。

1. 设置图表标题

设置图表标题的具体操作步骤如下。

❶ 选中图表中的【图表标题】文本框，删除文本框中的内容并输入 "各部门销售情况图表"，如下图所示。

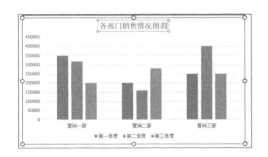

❷ 选中输入的文本，设置其【字体】为【微软雅黑】，效果如下图所示。

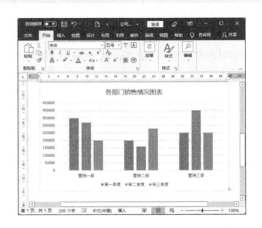

2.添加图表元素

数据标签、数据表、图例、趋势线等图表元素均可添加至图表中，以便更直观地查看和分析数据。添加数据标签的具体操作步骤如下。

选中图表，单击【图表工具 – 图表设计】选项卡下【图表布局】组中【添加图表元素】按钮的下拉按钮，在弹出的下拉列表中选择【数据标签】下的【数据标签外】选项，如下图所示。

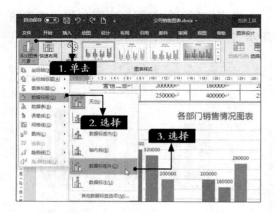

添加数据标签后的效果如下图所示。

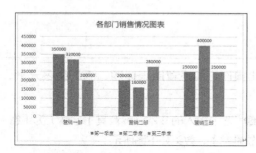

3.更改图表样式

如果对图表的样式不满意，还可以更改图表的样式。更改图表样式的具体操作步骤如下。

❶ 选中创建的图表，单击【图表工具 –图表设计】选项卡下【图表样式】组中的【其他】按钮，在弹出的下拉列表中选择一种图表样式，如右上图所示。

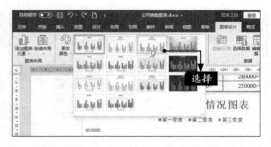

更改图表样式后的效果如下图所示。

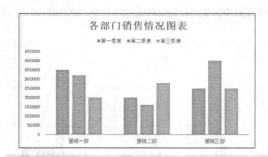

❷ 此外，还可以根据需要更改图表的颜色。选中图表，单击【图表工具 – 图表设计】选项卡下【图表样式】组中的【更改颜色】按钮，在弹出的下拉列表中选择一种颜色样式，如下图所示。

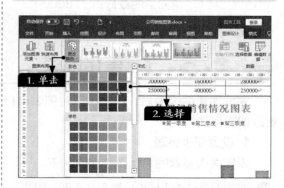

更改颜色后，公司销售季度图表的制作就完成了，最终效果如下图所示。

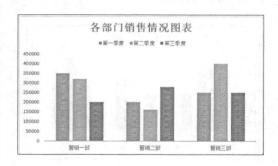

第

3 章

高级排版：打造专业的长文档

本章导读

　　Word 具有强大的文字排版功能，为一些长文档设置高级版式，可以使其看起来更专业。本章需要读者掌握样式、页眉和页脚、分页符、页码、目录以及打印文档的相关操作。

重点内容

+ 掌握样式的创建与使用
+ 掌握设置页眉和页脚的方法
+ 掌握格式刷的使用方法
+ 掌握插入分页符的方法
+ 掌握提取目录的方法

3.1 制作营销策划书模板

在制作某一类格式统一的长文档时，可以先制作一份完整的文档，然后将其存储为模板，在制作其他文档时直接使用该模板进行制作。这样不仅能节约时间，还能减少格式错误。

3.1.1 应用内置样式

样式包含字符样式和段落样式，字符样式的设置以字符为单位，段落样式的设置以段落为单位。样式是特定格式的集合，它规定了文本和段落的格式，并以不同的样式名称进行标记。通过样式可以简化操作、节约时间，还有助于保持文档的一致性。Word 中内置了多种标题和正文的样式，用户可以根据需要应用这些内置的样式。

❶ 打开"素材\ch03\营销策划书.docx"文件，选择要应用样式的文本，或者将光标定位至要应用样式的段落内，这里将光标定位至标题段落内，如下图所示。

❷ 单击【开始】选项卡下【样式】组的【其他】按钮☑，在弹出的下拉列表中选择【标题】样式，如下图所示。

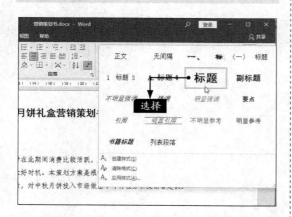

【标题】样式应用至所选的段落中，如下图所示。

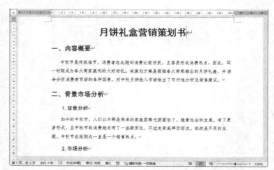

❸ 使用同样的方法，为"一、内容概要"段落应用【要点】样式，效果如下图所示。

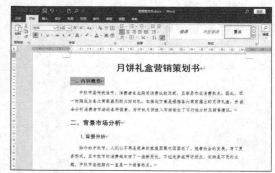

3.1.2 自定义样式

当系统内置的样式不能满足需求时，用户可以自行创建样式，具体操作步骤如下。

❶ 在打开的素材文件中，选中"月饼礼盒营销策划书"，然后在【开始】选项卡的【样式】组中单击【样式】按钮，弹出【样式】窗格，如下图所示。

❷ 单击【新建样式】按钮，弹出【根据格式化创建新样式】对话框，如下图所示。

❸ 在【属性】区域下的【名称】文本框中输入新建样式的名称，例如输入"策划书标题"，设置【样式基准】为【（无样式）】，在【格式】区域根据需要设置字体为【黑体】、字号为【一号】，如右上图所示。

❹ 单击左下角的【格式】按钮，在弹出的下拉列表中选择【段落】选项，如下图所示。

❺ 弹出【段落】对话框，在【常规】区域中设置【对齐方式】为【居中】、【大纲级别】为【1级】，在【间距】区域中分别设置【段前】

和【段后】为【0.5行】，单击【确定】按钮，如下图所示。

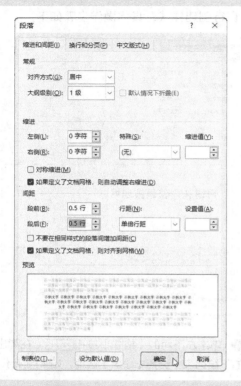

❻ 返回【根据格式化创建新样式】对话框，在中间区域浏览样式效果，单击【确定】按钮，如下图所示。

在【样式】窗格中可以看到创建的新样式，在文档中可看到为文本设置该新样式后的效果，如下图所示。

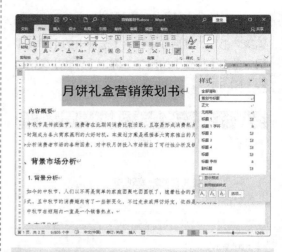

❼ 使用同样的方法，选中"一、内容概要"文本，创建"策划书2级标题"样式，设置字体为【等线】和【加粗】、字号为【小三】、段落对齐方式为【左对齐】、【大纲级别】为【2级】，在【间距】区域中分别设置【段前】和【段后】为【0.5行】，效果如下图所示。

❽ 选中"1.背景分析"，创建新样式并设置【名称】为"策划书3级标题"、字体为【黑体】、字号为【小四】、【首行缩进】为【2字符】、【大纲级别】为【3级】，在【间距】区域中分别设置【段前】和【段后】为【0.5行】，【行距】设置为【多倍行距】，【设置值】为【1.3】，效果如下页图所示。

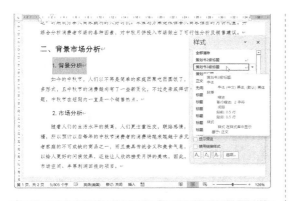

区域中设置【行距】为【1.5 倍行距】，效果如下图所示。

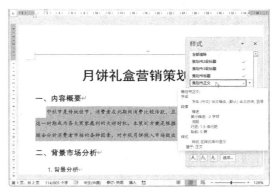

❾ 选中正文，创建新样式并设置【名称】为"策划书正文"、字体为【华文楷体】、字号为【五号】、【首行缩进】为【2 字符】，在【间距】

 ### 3.1.3　应用自定义样式

创建自定义样式后，用户就可以根据需要将自定义的样式应用至其他段落中，具体操作步骤如下。

❶ 选中"二、背景市场分析"文本，在【样式】窗格中单击"策划书 2 级标题"样式，将自定义的样式应用至所选段落，如下图所示。

❷ 使用同样的方法，为其他需要应用"策划书 2 级标题"样式的段落应用该样式，如下图所示。

❸ 选择其他标题内容，在【样式】窗格中单击"策划书 3 级标题"样式，将自定义的样式应用至所选段落，如下图所示。

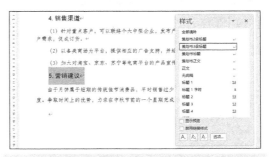

❹ 使用同样的方法，为正文应用"策划书正文"样式，如下图所示。

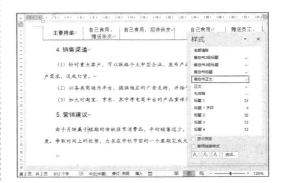

3.1.4 修改和删除样式

当样式不能满足需求需要改变文档的样式时，可以修改样式。如果不再需要某个样式，可以将其删除。

1. 修改样式

修改样式的具体操作步骤如下。

❶ 在【样式】窗格中单击所要修改样式右侧的下拉按钮 ▾，这里单击"策划书正文"样式右侧的下拉按钮 ▾，在弹出的下拉列表中选择【修改】选项，如下图所示。

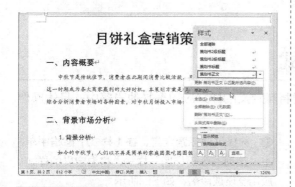

❷ 弹出【修改样式】对话框，这里将字体更改为【楷体】，如下图所示。

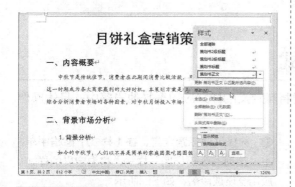

❸ 单击左下角的【格式】按钮 格式(O)▾，在弹出的下拉列表中选择【段落】选项。打开【段落】

对话框，在【间距】区域中将【段前】和【段后】设置为【0行】，将【行距】更改为【固定值】，将【设置值】设置为【18磅】，单击【确定】按钮，如下图所示。

❹ 返回至【修改样式】对话框，单击【确定】按钮，可看到修改样式后的效果。所有应用该样式的段落都将自动更改为修改后的样式，如下图所示。

2. 删除样式

删除样式的具体操作步骤如下。

❶ 选择要删除的样式，如"策划书正文"样式，在【样式】窗格中单击该样式右侧的下拉按钮

▾，在弹出的下拉列表中选择【删除"策划书正文"】选项，如下图所示。

❷ 弹出【Microsoft Word】对话框，单击【是】按钮，将选中的样式删除，如下图所示。

3.1.5　添加页眉和页脚

Word 提供了丰富的页眉和页脚模板，使插入页眉和页脚的操作变得更为快捷。

1. 插入页眉和页脚

在页眉和页脚中可以输入文档的基本信息，例如在页眉中输入文档名称、章节标题或者作者姓名等，在页脚中输入文档的创建时间、页码等。这不仅能使文档更加美观，还能向读者快速传递文档的基本信息。在文档中插入页眉和页脚的具体操作步骤如下。

（1）插入页眉

插入页眉的具体操作步骤如下。

❶ 在打开的素材文件中，单击【插入】选项卡下【页眉和页脚】组中的【页眉】按钮，如下图所示，弹出下拉列表，选择【奥斯汀】页眉样式。

Word 会在文档每一页的顶部都插入页眉，并显示【文档标题】文本域，如右上图所示。

❷ 在页眉的【文档标题】文本域中输入文档的标题，选中输入的标题，设置其字体为【等线（中文正文）】、字号为【9】，如下图所示。

❸ 单击【页眉和页脚】选项卡下【关闭】组中的【关闭页眉和页脚】按钮，可看到插入页眉的效果，如下图所示。

（2）插入页脚

插入页脚的具体操作步骤如下。

❶ 在【插入】选项卡中单击【页眉和页脚】组中的【页脚】按钮，如下图所示，弹出下拉列表，这里选择【奥斯汀】选项。

❷ 文档自动跳转至页脚编辑状态，可以根据需要输入页脚内容。输入后单击【页眉和页脚】选项卡下【关闭】组中的【关闭页眉和页脚】按钮，可看到插入页脚的效果，如下图所示。

2. 为奇偶页创建不同的页眉和页脚

可以为文档的奇偶页创建不同的页眉和页脚，具体操作步骤如下。

❶ 双击页眉任意位置，进入页眉和页脚编辑状态，勾选【页眉和页脚工具－页眉和页脚】选项卡下【选项】组中的【奇偶页不同】复选框，如下图所示。

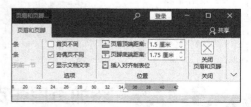

可看到偶数页页眉位置显示"偶数页页眉"字样，并且页眉位置的页眉信息被清除，如下图所示。

❷ 将光标定位至偶数页的页眉中，单击【页眉和页脚工具－页眉和页脚】选项卡下【页眉和页脚】组中的【页眉】按钮，在弹出的下拉列表中选择【空白】页眉样式，如下图所示。

❸　插入偶数页页眉，输入"××食品公司"文本。设置该文本的字体为【等线】、字号为【9】、字体颜色为【蓝色，个性色1】，并设置对齐方式为【右对齐】，效果如下图所示。

❹　单击【页眉和页脚工具 -页眉和页脚】选项卡下【导航】组中的【转至页脚】按钮，切换至偶数页的页脚位置，在页脚位置插入页脚，并进行相应的设置，如下图所示。

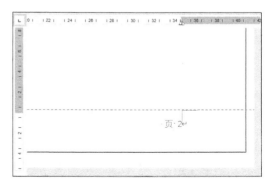

❺　单击【关闭页眉和页脚】按钮，完成创建奇偶页不同页眉和页脚的操作，效果如下图所示。

3.1.6　保存模板

文档制作完成之后，可以将其另存为模板。下次制作同类型的文档时，直接打开模板并编辑文本即可，以便节约时间，提高工作效率。保存模板的具体操作步骤如下。

❶　选择【文件】选项卡，选择【另存为】选项，在右侧的【另存为】界面中单击【浏览】选项，如右图所示。

❷ 弹出【另存为】对话框，在【保存类型】下拉列表中选择【Word模板（*.dotx）】选项，如下图所示。

❸ 选择模板存储的位置，单击【保存】按钮，如下图所示，完成模板的存储。

可以看到文档的标题已经更改为"营销策划书 .dotx"，表明此时的文档格式为模板格式，如下图所示。

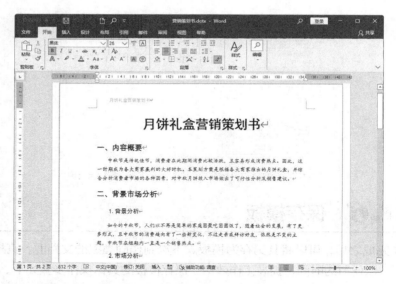

至此，制作营销策划书模板的操作就完成了。

3.2 排版毕业论文

排版毕业论文时需要注意，文档中同一类别的文本格式要统一，层次要有明显的区分，对同一级别的段落应设置相同的大纲级别，此外某些页面还需要单独显示。

下页图所示为常见的毕业论文结构。

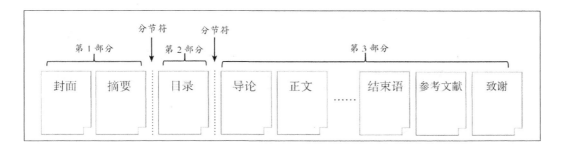

 3.2.1　为标题和正文应用样式

排版毕业论文时，通常需要先制作毕业论文封面，然后为标题和正文内容设置并应用样式。

1. 设计毕业论文封面

在排版毕业论文的时候，首先需要设计封面。

❶ 打开"素材 \ch03\ 毕业论文 .docx"文件，将光标定位至文档的最前面，如下图所示。

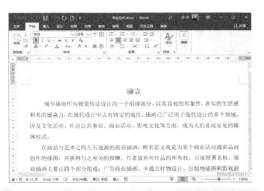

❷ 按【Ctrl+Enter】组合键插入空白页，在新创建的空白页输入学校信息、个人介绍和指导教师姓名等信息，如下图所示。

❸ 根据需要为不同的信息设置不同的样式，如下图所示。

2. 设置和应用毕业论文的样式

毕业论文通常会要求统一样式，需要根据学校提供的样式信息进行统一设置。

❶ 选中需要应用样式的文本，单击【开始】选项卡下【样式】组中的【样式】按钮 ⌐，如下图所示。

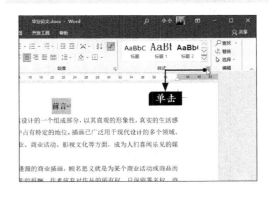

❷ 弹出【样式】窗格，单击【新建样式】按钮 A，如下图所示。

❸ 弹出【根据格式化创建新样式】对话框，在【属性】区域的【名称】文本框中输入新建样式的名称，例如输入"论文标题 1"，在【格式】区域设置字体样式，如下图所示。

❹ 单击左下角的【格式】按钮 格式(O)▼，在弹出的下拉列表中选择【段落】选项，如下图所示。

❺ 打开【段落】对话框，根据要求设置段落样式，在【缩进和间距】选项卡下的【常规】区域中单击【大纲级别】下拉列表框右侧的下拉按钮 ▼，在弹出的下拉列表中选择【1 级】选项，然后设置【间距】区域，设置完成后，单击【确定】按钮，如下图所示。

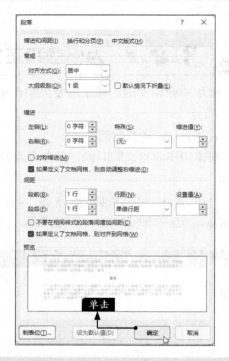

❻ 返回【根据格式化创建新样式】对话框，在中间区域预览样式效果，单击【确定】按钮，如下图所示。

在【样式】窗格中可以看到创建的新样式，文档中所选文本已应用该样式，如下图所示。

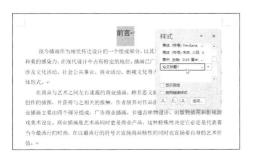

❼ 选择其他需要应用该样式的段落，单击【样式】窗格中的【论文标题 1】样式，即可应用

该样式。使用同样的方法为其他标题及正文设置样式。最终效果如下图所示。

 3.2.2 使用格式刷

在编辑长文档时，用户可以使用格式刷快速应用样式，具体操作步骤如下。

❶ 选中"参考文献"下的第一行文本，设置其字体为【楷体】、字号为【12】，效果如下图所示。

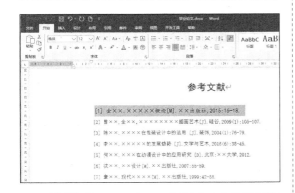

❷ 选中设置后的段落，单击【开始】选项卡下【剪贴板】组中的【格式刷】按钮✍，如右上图所示。

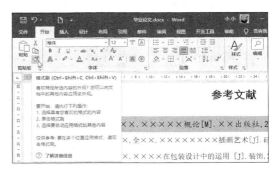

❸ 鼠标指针将变为 ◢I 形状，选中其他要应用该样式的段落，如下图所示。

> **提示** 单击【格式刷】按钮✍，可执行一次样式复制操作；如果需要大量复制样式，则需双击该按钮，鼠标指针旁会一直存在一个小刷子◢I；若要取消操作，再次单击【格式刷】按钮✍或按【Esc】键即可。

将该样式应用至其他段落的效果如下页图所示。

3.2.3 插入分页符

在排版毕业论文时，有些内容需要另起一页显示，如前言、摘要、结束语、参考文献、致谢词等，可以通过插入分页符来实现，具体操作步骤如下。

❶ 将光标放在"参考文献"前，单击【布局】选项卡下【页面设置】组中的【分隔符】按钮 **分隔符**，在弹出的下拉列表中选择【分页符】选项，如下图所示。

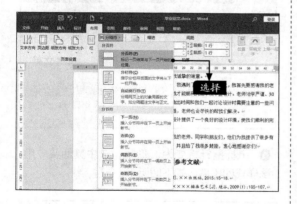

"参考文献"及其下方的内容另起一页显示，如下图所示。

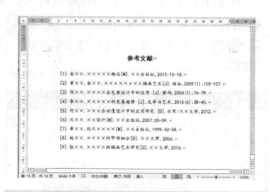

❷ 使用同样的方法，为前言、摘要、结束语及致谢词等设置分页。下图所示为致谢词内容设置分页后的效果。

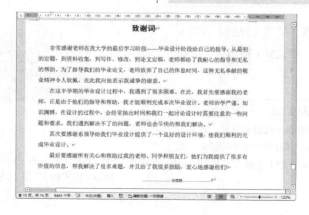

3.2.4　设置页眉和页码

毕业论文可能需要插入页眉，使其看起来更美观。如果要生成目录，还需要在文档中插入页码。设置页眉和页码的具体操作步骤如下。

❶ 单击【插入】选项卡下【页眉和页脚】组中的【页眉】按钮，在弹出的下拉列表中选择【空白】页眉样式，如下图所示。

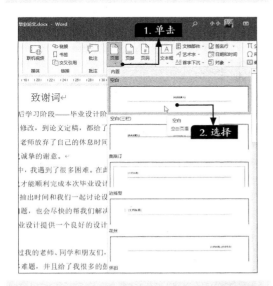

❷ 在【页眉和页脚工具 - 页眉和页脚】选项卡下的【选项】组中勾选【首页不同】和【奇偶页不同】复选框，如下图所示。

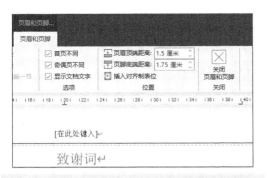

❸ 在奇数页页眉中输入内容，并根据要求设置字体样式，如下图所示。

❹ 在偶数页页眉中输入内容并设置字体样式，如下图所示。

❺ 单击【页眉和页脚工具 - 页眉和页脚】选项卡下【页眉和页脚】组中的【页码】按钮，在弹出的下拉列表中选择一种页码格式，如下图所示。

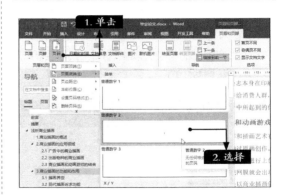

❻ 页面底端插入页码，如下图所示，单击【关闭页眉和页脚】按钮。

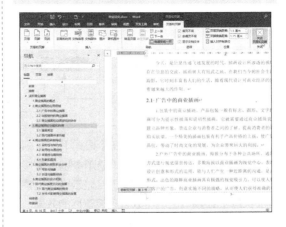

3.2.5 生成并编辑目录

生成并编辑目录的具体操作步骤如下。

❶ 将光标定位至文档第 2 页最前面的位置，单击【布局】选项卡下【页面布置】组中的【分隔符】按钮，在弹出的下拉列表中选择【下一页】选项，添加一个空白页。在空白页中输入"目录"，并根据需要设置字体样式，如下图所示。

❷ 单击【引用】选项卡下【目录】组中的【目录】按钮，在弹出的下拉列表中选择【自定义目录】选项，如下图所示。

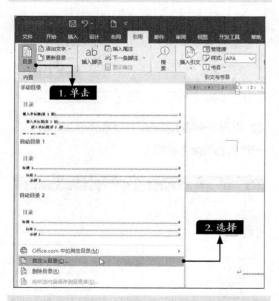

❸ 弹出【目录】对话框，在【格式】下拉列表中选择【正式】选项，在【显示级别】微调框中输入数值或单击微调按钮将显示级别设置为【3】，在预览区域可以看到设置后的效果。各项设置完成后单击【确定】按钮，如右上图所示。

生成目录，效果如下图所示。

❹ 选择目录文本，根据要求设置目录的字体样式，效果如下图所示。

完成毕业论文的排版操作，最终效果如下图所示。

3.2.6 打印论文

论文排版完成后，可以将其打印出来。本小节主要介绍 Word 文档的打印技巧。

1. 直接打印文档

确保文档没有问题后，就可以直接打印文档，具体操作步骤如下。

❶ 选择【文件】选项卡下的【打印】选项，在【打印机】下拉列表中选择要使用的打印机，如下图所示。

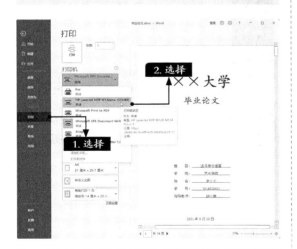

❷ 可以在【份数】微调框中输入打印的份数，单击【打印】按钮 🖨，开始打印文档，如右图所示。

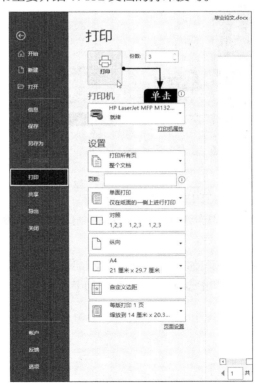

2. 打印当前页面

如果只需要打印当前页面，可以通过以下步骤实现。

❶ 在打开的文档中，将光标定位至要打印的 Word 页面，这里定位至第 4 页，如下图所示。

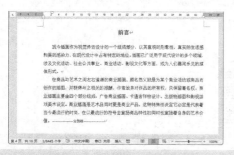

❷ 选择【文件】选项卡，选择【打印】选项，在右侧【设置】区域单击【打印所有页】下拉列表框右侧的下拉按钮 ，在弹出的下拉列表中选择【打印当前页面】选项，随后设置要打印的份数，单击【打印】按钮 即可进行打印，如下图所示。

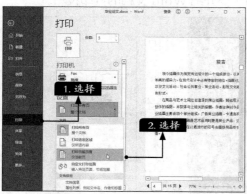

3. 打印连续或不连续页面

打印连续或不连续页面的具体操作步骤如下。

❶ 在打开的文档中，选择【文件】选项卡，选择【打印】选项，在右侧【设置】区域单击【打

印所有页】下拉列表框右侧的下拉按钮 ，在弹出的下拉列表中选择【自定义打印范围】选项，如下图所示。

❷ 在下方的【页数】文本框中输入要打印的页码，并设置要打印的份数，单击【打印】按钮 即可进行打印，如下图所示。

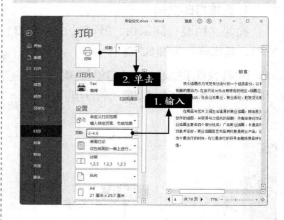

> **提示** 连续页码可以使用半角连接符连接开始页码和结束页码，不连续的页码可以使用半角逗号分隔。

第 2 篇
Excel 数据分析

第 **4** 章　表格基础：Excel 的基本操作

第 **5** 章　专业呈现：个性化表格设计

第 **6** 章　基本分析：数据排序、筛选与分类汇总

第 **7** 章　公式函数：提高数据分析效率

第 **8** 章　高级分析：数据可视化呈现

第

4 章

表格基础：Excel 的基本操作

本章导读

Excel 主要用于处理电子表格，可以进行复杂的数据运算。本章主要介绍工作簿和工作表的基本操作，如创建工作簿、工作表的常用操作、单元格的基本操作以及输入文本等内容。

重点内容

✚ 掌握工作簿和工作表的基本操作
✚ 掌握单元格的基本操作
✚ 掌握数据的录入与格式设置

4.1 创建支出趋势预算表

本节通过创建支出趋势预算表介绍工作簿及工作表的基本操作。

4.1.1 创建空白工作簿

创建空白工作簿有以下两种方法。

1. 启动 Excel 时创建空白工作簿

启动 Excel 时，在开始界面中选择【空白工作簿】选项，如下图所示。

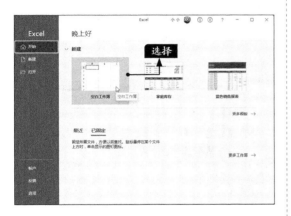

系统自动创建一个名称为"工作簿1"的工作簿，如下图所示。

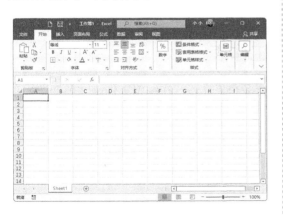

2. 启动 Excel 后创建空白工作簿

启动 Excel 后可以通过以下 3 种方法创建空白工作簿。

（1）启动 Excel 后，选择【文件】→【新建】→【空白工作簿】选项，如下图所示。

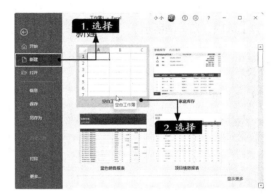

（2）单击快速访问工具栏中的【新建】按钮，如下图所示。

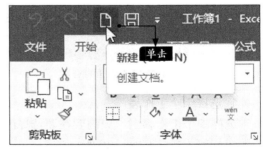

（3）按【Ctrl+N】组合键。

4.1.2 使用模板创建工作簿

用户可以使用系统自带的模板或搜索联机模板，在模板上进行修改以创建工作簿。例如，通过 Excel 模板创建支出趋势预算表，具体操作步骤如下。

❶ 打开【文件】选项卡，在弹出的下拉列表中选择【新建】选项，然后在【搜索联机模板】文本框中输入"支出趋势预算"，单击【开始搜索】按钮 🔍，如下图所示。

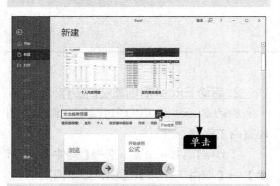

❷ 在搜索结果中选择搜索到的【支出趋势预算】选项，如下图所示。

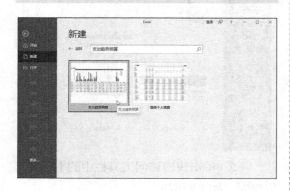

❸ 在弹出的【支出趋势预算】预览界面中单击【创建】按钮，下载该模板，如下图所示。

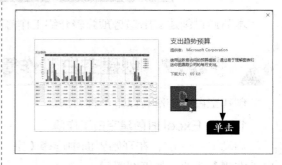

❹ 下载完成后，系统会自动打开该模板，在表格中输入或修改相应的数据即可，如下图所示。

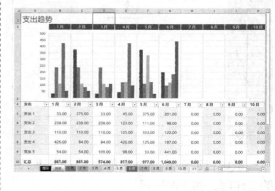

4.1.3 选择单个或多个工作表

在使用模板创建的工作簿中可以看到其中包含多个工作表，在编辑工作表之前要选择工作表，选择工作表有以下几种方法。

1. 选择单个工作表

选择单个工作表时，只需要在要选择的工作表标签上单击即可。例如，在"5月"工作表标签上单击，即可选择"5月"工作表，如右图所示。

如果工作表太多，显示不完整，可以使用下面的方法快速选择工作表。

❶ 在工作表导航栏最左侧区域（见下图）单击鼠标右键。

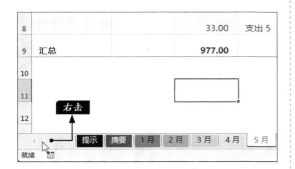

<table>
<tr><td>8</td><td></td><td>33.00</td><td>支出 5</td></tr>
<tr><td>9</td><td>汇总</td><td>977.00</td><td></td></tr>
<tr><td>10</td><td></td><td></td><td></td></tr>
<tr><td>11</td><td></td><td></td><td></td></tr>
<tr><td>12</td><td></td><td></td><td></td></tr>
</table>

📝 **提示**　另外，用户可单击左侧的工作表导航按钮来滚动显示工作表标签，或向右拖动水平滚动条来增加工作表的显示宽度。

❷ 在弹出的【激活】对话框的【活动文档】列表框中选择要激活的工作表，这里选择【3月】选项，单击【确定】按钮，如下图所示。

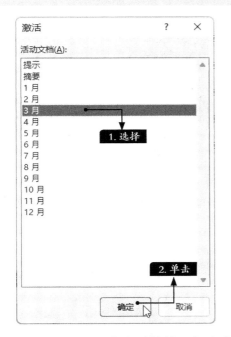

选择"3 月"工作表后的效果如右上图所示。

2. 选择不连续的多个工作表

如果要同时选择多个不连续的工作表，可以在按住【Ctrl】键的同时，单击要选择的多个不连续工作表，释放【Ctrl】键完成选择，标题栏中将显示"[组]"字样，如下图所示。

3. 选择连续的多个工作表

按住【Shift】键的同时，单击要选择的多个连续工作表的第一个工作表和最后一个工作表，释放【Shift】键完成选择，如下图所示。

4.1.4 重命名工作表

每个工作表都有自己的名称，默认情况下以 Sheet1、Sheet2、Sheet3……命名工作表。这种命名方式不便于管理工作表，因此可以重命名工作表，以便更好地管理工作表，具体操作步骤如下。

❶ 双击要重命名的"摘要"工作表的标签，进入可编辑状态，如下图所示。

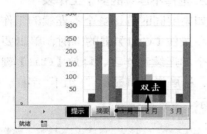

❷ 输入新的名称后按【Enter】键，完成对该工作表的重命名操作，如下图所示。

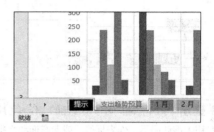

4.1.5 移动和复制工作表

移动与复制工作表是编辑工作表常用的操作。

1. 移动工作表

可以将工作表移动到同一个工作簿的指定位置，具体操作步骤如下。

❶ 在要移动的工作表标签上单击鼠标右键，在弹出的快捷菜单中选择【移动或复制】命令，如下图所示。

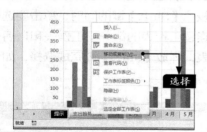

❷ 在弹出的【移动或复制工作表】对话框中选择要移动到的位置，单击【确定】按钮，如右上图所示。

> **提示** 如果要移动到其他工作簿中，将该工作簿打开，打开【移动或复制工作表】对话框，单击【工作簿】下方右侧的下拉按钮 ∨，选择对应的工作簿名称并在下方列表框中选择具体位置，然后单击【确定】按钮，即可实现跨工作簿移动工作表。

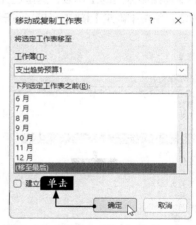

当前工作表移动到指定的位置，如下图所示。

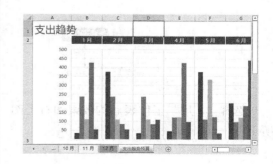

提示　选择要移动的工作表的标签，按住鼠标左键不放，拖曳鼠标，可看到一个黑色倒三角形 ▼ 随鼠标指针的移动而移动，如下图所示。移动黑色倒三角形到目标位置，释放鼠标左键，工作表即被移动到新的位置。

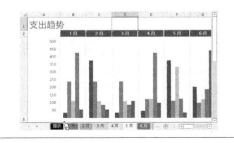

2. 复制工作表

在一个或多个 Excel 工作簿中复制工作表，有以下两种方法。

（1）使用鼠标复制

使用鼠标复制工作表的步骤与移动工作表的步骤相似，不同的是要在拖曳鼠标的同时按住【Ctrl】键。具体操作步骤如下。

❶ 选择要复制的工作表，如选择"支出趋势预算"工作表，按住【Ctrl】键的同时单击该工作表，按住鼠标左键不放，拖曳鼠标指针到复制出的工作表需在的位置，黑色倒三角形 ▼ 会随鼠标指针移动，如下图所示。

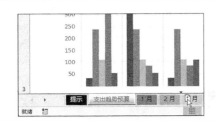

❷ 释放鼠标左键和【Ctrl】键，指定位置生成复制出的工作表，如下图所示。

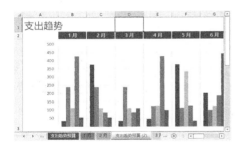

（2）使用快捷菜单复制

选择要复制的工作表，在工作表标签上单击鼠标右键，在弹出的快捷菜单中选择【移动或复制】命令。在弹出的【移动或复制工作表】对话框中选择要插入的位置，如这里选择【（移至最后）】选项，然后勾选【建立副本】复选框，如下图所示，单击【确定】按钮。

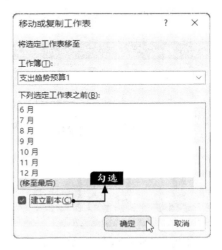

如果要复制到其他工作簿中，将该工作簿打开，在【工作簿】下拉列表中选择该工作簿的名称，如这里选择【工作簿 1】选项，勾选【建立副本】复选框，如下图所示。单击【确定】按钮，即可将该工作表复制到其他工作簿中。

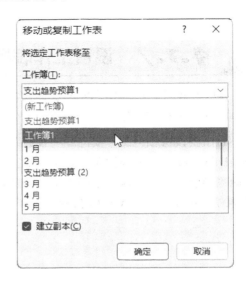

4.1.6 删除工作表

为便于对 Excel 表格进行管理和节省存储空间，可以将无用的工作表删除。删除工作表的方法主要有以下两种。

1. 使用【删除工作表】选项删除

❶ 选择要删除的"支出趋势预算(3)"工作表，单击【开始】选项卡下【单元格】组中的【删除】按钮 删除 右侧的下拉按钮 ，在弹出的下拉列表中选择【删除工作表】选项，如下图所示。

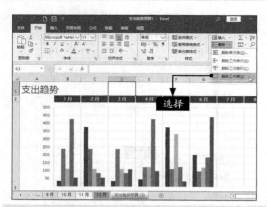

❷ 在弹出的【Microsoft Excel】提示框中单击【删除】按钮，如下图所示。

所选的工作表被删除，如下图所示。

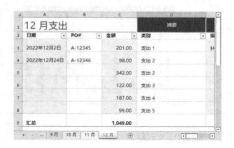

2. 使用快捷菜单删除

在要删除的工作表标签上单击鼠标右键，在弹出的快捷菜单中选择【删除】命令，如下图所示，在弹出的【Microsoft Excel】提示框中单击【删除】按钮，即可将当前所选工作表删除。

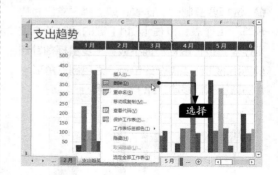

4.1.7 设置工作表标签颜色

Excel 提供了美化工作表标签的功能，用户可以根据需要对工作表标签的颜色进行设置，以便区分不同的工作表。

右击要设置颜色的"支出趋势预算"工作表标签，在弹出的快捷菜单中选择【工作表标签颜色】命令，从弹出的子菜单中选择需要的颜色，这里选择【红色】，如右图所示。

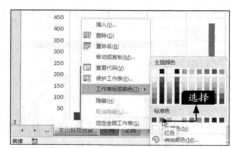

提示 在设置工作表标签颜色时，用户也可以同时选择多个工作表标签，对其设置颜色。

将工作表标签颜色设置为红色后的效果如下图所示。

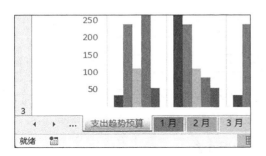

如果要更改或取消工作表标签颜色，可

在工作表标签上单击鼠标右键，在弹出的快捷菜单中选择【工作表标签颜色】命令，在弹出的子菜单中选择需要更改的颜色。选择【无颜色】命令将取消设置的颜色，如下图所示。

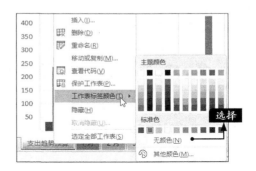

4.1.8 保存工作簿

工作表编辑完成后，需要将工作簿保存，具体操作步骤如下。

❶ 打开【文件】选项卡，选择【保存】选项，在右侧【另存为】区域中单击【浏览】按钮，如下图所示。

 提示 首次保存文档时，选择【保存】选项将打开【另存为】区域。

❷ 在弹出的【另存为】对话框中，选择文件存储的位置，在【文件名】文本框中输入文件

名称"支出趋势预算.xlsx"，单击【保存】按钮。此时，就完成了工作簿的保存，如下图所示。

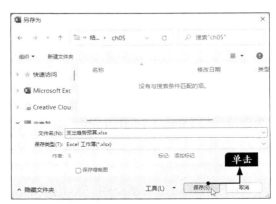

 提示 对保存过的工作簿进行编辑后，可以通过以下方法对其进行保存。

（1）按【Ctrl+S】组合键。

（2）单击快速访问工具栏中的【保存】按钮。

（3）选择【文件】选项卡下的【保存】选项。

4.2 修改员工通信录

员工通信录主要记录企业员工的基本通信信息，通常包括姓名、部门、电话、地址、QQ 号及微信号等，是一种常用的办公信息类表格。本节以修改员工通信录为例，介绍工作表中单元格、行、列的基本操作。

4.2.1 单元格和单元格区域

要对单元格或单元格区域进行编辑操作，首先要选择单元格或单元格区域。默认情况下，启动 Excel 并创建新的工作簿时，单元格 A1 自动处于选中状态。

1. 单元格

打开"素材 \ch04\ 员工通信录 .xlsx"文件，单击某一单元格，若单元格的边框线变成绿色，则此单元格处于选中状态。选中单元格的地址显示在名称框中，在工作表单元格内，鼠标指针变为 形状，如下图所示。

在名称框中输入目标单元格的地址，如"B2"，按【Enter】键即可选中第 B 列和第 2 行交汇处的单元格。

2. 单元格区域

单元格区域是由多个单元格组成的区域，分为连续区域和不连续区域。

（1）连续的单元格区域

在连续区域中，多个单元格之间是相互连续、紧密衔接的，连续区域的形状为规则的矩形。连续区域的单元格地址一般使用"左上角单元格地址：右下角单元格地址"表示。右上图选中的单元格区域即一个连续区域，单元格地址为 A1:C5，包含从 A1 到 C5 共

15 个单元格。

（2）不连续的单元格区域

不连续单元格区域是指不相邻的单元格或单元格区域，其地址主要由单元格或单元格区域的地址组成，以","分隔。例如，"A1:B4,C7:C9,F10"即一个不连续单元格区域的地址，表示该不连续区域包含 A1:B4、C7:C9 两个连续区域和一个 F10 单元格，如下图所示。

除了可以选择连续和不连续的单元格区域，还可以选择所有单元格，即选中整个工作表，方法有以下两种。

方法 1：单击工作表左上角行号与列标相交处的【选中全部】按钮 ▲。

方法 2：按【Ctrl+A】组合键，效果如右图所示。

4.2.2　合并与拆分单元格

合并与拆分单元格是常用的编辑单元格操作，它不仅可以满足用户编辑表格中数据的需求，也可以使工作表整体更加美观。

1. 合并单元格

合并单元格是指在工作表中将两个或多个选定的相邻单元格合并成一个单元格，具体操作步骤如下。

在打开的素材文件中选择 A1:F1 单元格区域。单击【开始】选项卡下【对齐方式】组中的【合并后居中】按钮 ▼，在弹出的下拉列表中选择【合并后居中】选项，如下图所示。

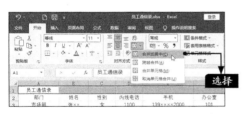

选择的单元格区域合并，且居中显示单元格内的文本，如下图所示。

2. 拆分单元格

在工作表中，还可以将合并后的单元格拆分成多个单元格。

选择合并后的单元格，单击【开始】选项卡下【对齐方式】组中的【合并后居中】按钮 ▼，在弹出的下拉列表中选择【取消单元格合并】选项，如下图所示。该单元格即被取消合并，恢复成合并前的单元格。

> **提示**　在合并后的单元格上单击鼠标右键，在弹出的快捷菜单中选择【设置单元格格式】命令，弹出【设置单元格格式】对话框。在【对齐】选项卡下取消勾选【合并单元格】复选框，然后单击【确定】按钮，如下图所示，也可拆分合并后的单元格。

4.2.3 插入或删除行与列

在工作表中，用户可以根据需要插入或删除行和列，具体操作步骤如下。

1. 插入行与列

在工作表中插入行，当前行向下移动；插入列，当前列向右移动。选中某行或某列后，单击鼠标右键，在弹出的快捷菜单中选择【插入】命令，即可插入行或列，如下图所示。

2. 删除行与列

工作表中如果有多余的行或列，可以将其删除。删除行和列的方法有多种，最常用的有以下3种。

方法1：选中要删除的行或列，单击鼠标右键，在弹出的快捷菜单中选择【删除】命令。

方法2：选中要删除的行或列，单击【开始】选项卡下【单元格】组中的【删除】按钮 ，在弹出的下拉列表中选择【删除单元格】选项。

方法3：选中要删除的行或列中的一个单元格，单击鼠标右键，在弹出的快捷菜单中选择【删除】命令，在弹出的【删除文档】对话框中选中【整行】或【整列】单选按钮，然后单击【确定】按钮，如下图所示。

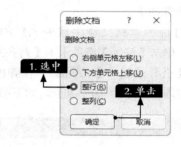

4.2.4 设置行高与列宽

在工作表中，单元格的高度或宽度不足时，数据会显示不完整，这时就需要调整行高或列宽。

1. 手动调整行高与列宽

如果要调整行高，将鼠标指针移动到两行的行号之间，当鼠标指针变成➕形状（见右图）时，按住鼠标左键向上拖曳可以使行变矮，向下拖曳则可使行变高。拖曳时将显示以点和像素为单位的高度数据。如果要调整列宽，将鼠标指针移动到两列的列标之间，当鼠标指针变成➕形状（见下页图）时，按住鼠标左键向左拖曳可以使列变窄，向右拖曳则可使列变宽。

2. 精确调整行高与列宽

虽然使用鼠标可以快速调整行高或列宽，但精确度不高。如果需要调整行高或列宽为固定值，那么就需要使用【行高】或【列宽】命令进行调整，具体操作步骤如下。

❶ 在打开的素材文件中选择第一行，在行号上单击鼠标右键，在弹出的快捷菜单中选择【行高】命令，如下图所示。

> 📝 **提示** 用户也可以在【开始】选项卡下【单元格】组中单击【格式】按钮 格式，在弹出的下拉列表中选择【行高】选项，打开【行高】对话框。

❷ 弹出【行高】对话框，在【行高】文本框中输入"28"，单击【确定】按钮，如下图所示。

调整后的效果如下图所示。

❸ 使用同样的方法，设置第 2 行【行高】为【20】、第 3 行至第 16 行【行高】为【18】，并设置 B 列至 D 列【列宽】为【10】，效果如下图所示。

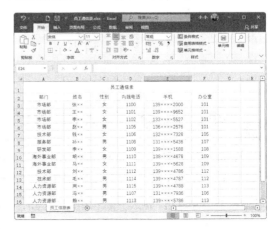

至此，修改员工通信录的操作就完成了。

4.3 制作员工基本情况统计表

员工基本情况统计表中需要容纳文本、数值、日期等多种类型的数据。本节以制作员工基本情况统计表为例，介绍在 Excel 表格中输入和编辑数据的方法。

4.3.1 输入文本内容

对于单元格中的数据，Excel 会自动根据数据的类型对其进行处理并显示出来。

❶ 打开"素材 \ch04\ 员工基本情况统计表 .xlsx"文件，如下图所示。

❷ 双击 A2 单元格，增加文本内容，如"人力资源部"，如下图所示。

❸ 单击其他单元格或按【Enter】键，完成文本内容的输入，如下图所示。

❹ 使用同样的方法，在"填写日期："后面输入日期，如下图所示。

4.3.2 输入以"0"开头的员工编号

在输入以数字"0"开头的数字串时，Excel 将自动省略开头的"0"。用户可以使用下面的操作方法输入以"0"开头的员工编号，具体操作步骤如下。

❶ 选择 A4 单元格，输入一个半角单引号"'"，如下图所示。

❷ 输入以"0"开头的数字，按【Enter】键确认，可看到输入的以"0"开头的数字，如下图所示。

❸ 选择 A5 单元格并右击，在弹出的快捷菜单中选择【设置单元格格式】命令。弹出【设置单元格格式】对话框，选择【数字】选项卡，在【分类】列表框中选择【文本】选项，单击【确定】按钮，如下图所示。

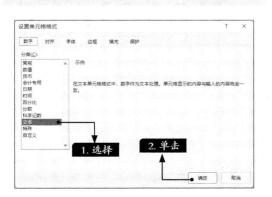

❹ 此时，在 A5 单元格中输入以"0"开头的数字"0001002"，按【Enter】键确认，也可以输入以"0"开头的数字，如下图所示。

 4.3.3 快速填充数据

在输入数据时，除了常规的输入方法，如果要输入的数据本身具有关联性，用户可以使用填充功能批量输入数据。

❶ 选择 A4:A5 单元格区域，将鼠标指针放在该单元格右下角的填充柄上，可以看到鼠标指针变为黑色的➕形状，如下图所示。

❷ 按住鼠标左键，并向下拖曳至 A25 单元格，释放鼠标左键，即可完成快速填充数据的操作，如下图所示。

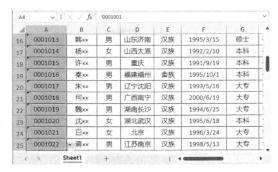

 4.3.4 设置员工出生日期和入职日期的格式

在工作表中输入日期或时间时，需要用特定的格式。日期和时间也可以参与运算。Excel 内置了一些日期与时间的格式，当输入的数据与这些格式相匹配时，Excel 会自动将它们识别为日期或时间数据。设置员工出生日期和入职日期的格式的具体操作步骤如下。

❶ 选择 F4:F25 单元格区域并右击，在弹出的快捷菜单中选择【设置单元格格式】命令，如下页图所示。

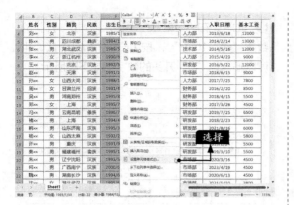

② 弹出【设置单元格格式】对话框，选择【数字】选项卡，在【分类】列表框中选择【日期】选项，在右侧【类型】列表框中选择一种日期类型，单击【确定】按钮，如下图所示。

③ 返回工作表后，系统会将 F4:F25 单元格区域内的数据设置为所选的日期类型，如下图所示。

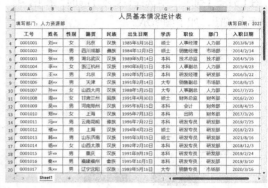

④ 使用同样的方法，将 J4:J25 单元格区域内的数据设置为所选的日期格式，如下图所示。

4.3.5　设置单元格的货币格式

当输入的数据表示金额时，需要设置单元格格式为"货币"。如果要输入的数据不多，可以直接按【Shift+4】组合键在单元格中输入带货币符号的金额。

 提示　这里的数字"4"为键盘中字母键上方的数字键，而并非小键盘中的数字键。在英文输入法下，按【Shift+4】组合键，会出现"$"符号；在中文输入法下，则出现"￥"符号。

此外，用户也可以将单元格格式设置为货币格式，具体操作步骤如下。

选择 K4:K25 单元格区域，按【Ctrl+1】组合键，打开【设置单元格格式】对话框。选择【数字】选项卡，在【分类】列表框中选择【货币】选项，在右侧【小数位数】微调框中输入"0"，设置货币符号为"￥"，单击【确定】按钮，如下页图所示。

效果如下图所示。

4.3.6 修改单元格中的数据

当输入的数据出现错误或者格式不正确时，就需要对数据进行修改。修改单元格中数据的具体操作步骤如下。

❶ 选择 K25 单元格并右击，在弹出的快捷菜单中选择【清除内容】命令，如下图所示。

 提示 也可以按【Delete】键清除单元格中的内容。

❷ 单元格中的数据清除后，输入正确的数据即可，如下图所示。

 提示 选择包含错误数据的单元格，直接输入正确的数据，也可以完成修改数据的操作。

至此，员工基本情况统计表的制作就完成了。

第 5 章

专业呈现：个性化表格设计

本章导读

　　通过工作表的管理和美化操作，可以设置工作表文本的样式，使工作表层次分明、结构清晰、重点突出。本章将介绍设置字体、设置对齐方式、添加表格边框、设置表格样式、套用单元格样式以及突出显示单元格效果等操作。

重点内容

✚ 掌握设置单元格格式的方法
✚ 掌握插入图标和图片的方法
✚ 掌握套用表格样式和单元格样式的方法
✚ 掌握 Excel 视图的使用方法

5.1 美化产品报价表

在 Excel 中，可以通过设置字体格式、设置对齐方式、添加边框及插入图片等操作来美化工作表。本节以美化产品报价表为例，介绍工作表的美化方法。

5.1.1 设置字体

在 Excel 中，用户可以根据需要设置相关内容的字体、字号等，具体操作步骤如下。

❶ 打开"素材 \ch05\ 产品报价表 .xlsx"文件，选择 A1:H1 单元格区域，单击【开始】选项卡下【对齐方式】组中的【合并后居中】按钮，如下图所示。

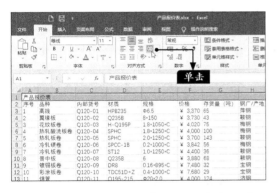

选择的单元格区域合并并且内容居中显示，如下图所示。

❷ 选择 A1 单元格，单击【开始】选项卡下【字体】组中的【字体】文本框右侧的下拉按钮，在弹出的下拉列表中选择需要的字体，这里选择【华文中宋】选项，如右上图所示。

设置字体后的效果如下图所示。

❸ 选择 A1 单元格，单击【开始】选项卡下【字体】组中的【字号】文本框右侧的下拉按钮，在弹出的下拉列表中选择【20】选项，如下图所示。

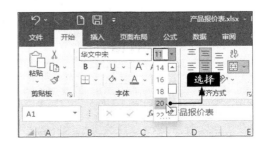

设置字号后的效果如下图所示。

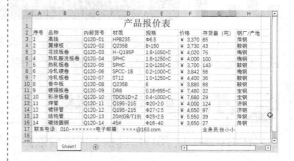

④ 单击【字体】组中的【字体颜色】按钮 ![A]，在弹出的颜色下拉列表中选择颜色，这里选择【蓝色，个性色 1】选项，如下图所示。

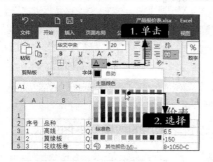

设置颜色后的效果如下图所示。

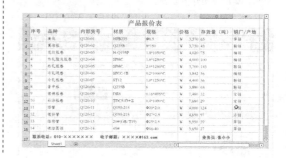

⑤ 使用同样的方法，设置其他内容的字体及颜色，根据需要调整工作表的行高和列宽，以更好地显示表格内容，效果如下图所示。

5.1.2 设置对齐方式

Excel 允许将单元格数据设置为左对齐、右对齐或合并居中对齐等显示效果。使用功能区中的按钮设置数据对齐方式的具体操作步骤如下。

❶ 在打开的素材文件中选择 A2:H16 单元格区域，单击【开始】选项卡下【对齐方式】组中的【垂直居中】按钮 ![三] 和【居中】按钮 ![三]，如下图所示。

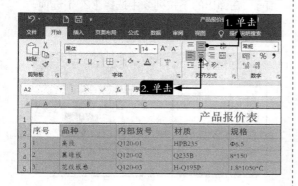

选择的区域中的数据居中显示，如下图所示。

❷ 分别选择 A17:C17、D17:F17、G17:H17 单元格区域，单击【合并后居中】按钮 ![图]，合并单元格并使内容居中显示，效果如下页图所示。

❸ 另外，还可以通过【设置单元格格式】对话框设置对齐方式。选择要设置对齐方式的单元格区域，在【开始】选项卡中单击【对齐方式】组右下角的【对齐设置】按钮 ⅰ，在弹出的【设置单元格格式】对话框中选择【对齐】选项卡，在【文本对齐方式】区域的【水平对齐】下拉列表中选择【居中】选项，在【垂直对齐】下拉列表中选择【居中】选项，单击【确定】按钮，

如下图所示。

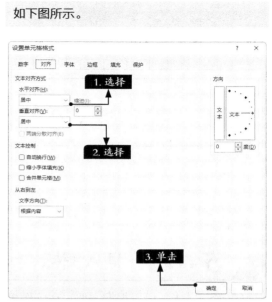

5.1.3 添加表格边框

在 Excel 中，单元格四周的灰色网格线默认是不能被打印出来的。为了使表格更加规范、美观，可以为其设置边框。使用对话框添加边框的具体操作步骤如下。

❶ 选择要添加边框的 A1:H17 单元格区域，单击【开始】选项卡下【字体】组右下角的【字体设置】按钮 ⅰ，如下图所示。

❷ 弹出【设置单元格格式】对话框，在【边框】选项卡下的【样式】列表框中选择一种样式，然后在【颜色】下拉列表中选择【蓝色，个性色 1】选项，在【预置】区域中单击【外边框】按钮，如右图所示。

❸ 再次在【样式】列表框中选择一种样式，在【预置】区域中单击【内部】按钮，然后单击【确定】按钮，如下页图所示。

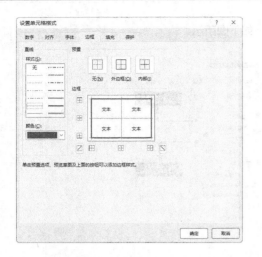

添加边框后的效果如下图所示。

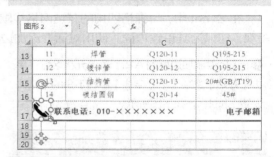

5.1.4 插入图标

在 Excel 中，可以根据需要，在工作表中插入系统自带的图标，以美化表格，具体操作步骤如下。

❶ 将光标定位在要添加图标的位置，单击【插入】选项卡下【插图】组中的【图标】按钮 图标，如下图所示。

曳，调整图标至合适大小后释放鼠标左键，完成图标大小的调整，如下图所示。

❷ 弹出对话框，选择图标的分类，下方是对应分类的图标。这里选择【通信】类别下的图标，然后单击【插入】按钮，如下图所示。

❹ 选择图标，单击【图形工具-图形格式】选项卡下【图形样式】组中的【图形填充】按钮 图形填充，如下图所示，在弹出的颜色下拉列表中选择【蓝色，个性色1】选项。

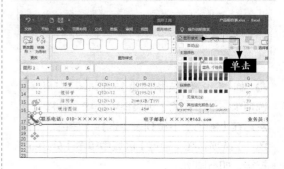

❸ 将鼠标指针放在图标4个角的控制点上，当鼠标指针变为 形状时，按住鼠标左键并拖

调整后的效果如下图所示。

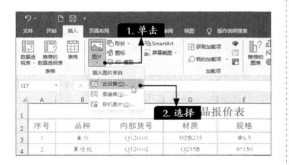

❺ 使用同样的方法，为 D17 和 G17 单元格添加并调整图标，如下图所示。

5.1.5 插入公司 Logo

在工作表中插入图片可以使工作表更美观。下面以插入公司 Logo 为例，介绍插入图片的方法，具体操作步骤如下。

❶ 在打开的素材文件中，单击【插入】选项卡下【插图】组中的【图片】按钮，在弹出的下拉列表中选择【此设备】选项，如下图所示。

❷ 弹出【插入图片】对话框，选择插入图片存储的位置，并选择要插入的公司 Logo 图片，单击【插入】按钮，如下图所示。

选择的图片插入工作表中，如下图所示。

❸ 将鼠标指针放在图片 4 个角的控制点上，当鼠标指针变为形状时，按住鼠标左键并拖曳，调整图片至合适大小后释放鼠标左键，完成公司 Logo 图片大小的调整，如下图所示。

❹ 将鼠标指针放置到图片上，当鼠标指针变为形状（见下页图）时，按住鼠标左键并拖曳，调整图标至合适位置后释放鼠标左键，可以调

整图片的位置。

⑤ 选择插入的图片,在【图片工具 –图片格式】选项卡下的【调整】和【图片样式】组中还可以根据需要调整图片的样式,最终效果如右图所示。

至此,产品报价表的美化操作就完成了。

5.2 美化员工工资表

Excel 提供自动套用表格样式和单元格样式的功能,便于用户从众多预设的样式中选择一种快速地套用到某个工作表或单元格。本节以美化员工工资表为例,介绍套用表格样式和单元格样式的操作。

5.2.1 快速设置表格样式

Excel 内置了几十种常用的样式,并将这些样式分为浅色、中等色和深色 3 组。用户可以套用这些预先定义好的样式,以提高工作的效率。套用中等色表格样式的具体操作步骤如下。

❶ 打开"素材 \ch05\ 员工工资表 .xlsx"文件,选择 A2:G10 单元格区域,如下图所示。

❷ 单击【开始】选项卡下【样式】组中的【套用表格格式】按钮,在弹出的下拉列表中选择要套用的表格样式,这里选择【中

等色】区域中的【蓝色,表样式中等深浅 9】选项,如下图所示。

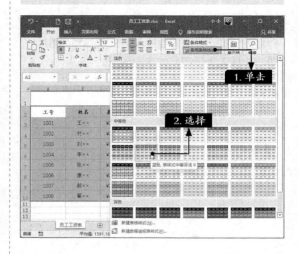

❸ 弹出【创建表】对话框，单击【确定】按钮，如下图所示。

套用表格样式后的效果如下图所示。

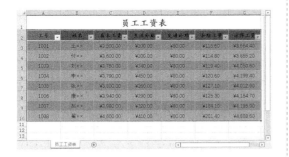

❹ 选择表格样式区域中的任意单元格，单击鼠标右键，在弹出的快捷菜单中选择【表格】下的【转换为区域】命令，如右上图所示。

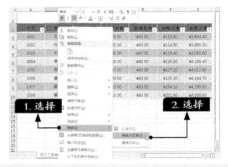

❺ 在弹出的【Microsoft Excel】对话框中单击【是】按钮，如下图所示。

取消表格的筛选状态后的效果如下图所示。

 5.2.2 套用单元格样式

Excel 中内置了【好、差和适中】、【数据和模型】、【标题】、【主题单元格样式】、【数字格式】等多种单元格样式，用户可以根据需要选择要套用的单元格样式，具体操作步骤如下。

❶ 在打开的素材文件中选择 A1 单元格，单击【开始】选项卡下【样式】组中的【单元格样式】按钮，在弹出的下拉列表中选择要套用的单元格样式，这里选择【标题】下的【标题 1】选项，如右图所示。

效果如下图所示。

2 选择 A2:G2 单元格区域，单击【单元格样式】按钮，选择要套用的单元格样式，如这里选择【主题单元格样式】下的【着色1】选项，如右上图所示。

最终效果如下图所示。

至此，美化员工工资表的操作就完成了。

5.3 查看现金流量分析表

掌握工作表的各种查看方式，可以快速找到自己想要的信息。本节以查看现金流量分析表为例，介绍在 Excel 中查看工作表的方法。

5.3.1 使用视图查看工作表

Excel 提供了 4 种视图来查看工作表，用户可以根据需求进行选择。

1.【普通】视图

【普通】视图是默认的显示方式，这种显示方式对工作表的视图不做任何修改。可以拖曳右侧的垂直滚动条和下方的水平滚动条来浏览当前窗口中没有显示的数据，具体操作步骤如下。

1 打开"素材 \ch05\ 现金流量分析表 .xlsx"文件，在当前窗口中即可浏览数据，向下拖曳右侧的垂直滚动条，可浏览下面没有显示的数据，如右图所示。

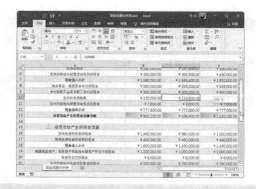

2 向右拖曳下方的水平滚动条，可浏览右侧没有显示的数据，如下页图所示。

2.【分页预览】视图

使用【分页预览】视图可以查看打印文档时使用的分页符的位置。分页预览的操作步骤如下。

❶ 单击【视图】选项卡下【工作簿视图】组中的【分页预览】按钮，切换为【分页预览】视图，如下图所示。

> **提示** 用户也可以单击界面右下角视图栏中的【分页预览】按钮，进入【分页预览】视图。

❷ 将鼠标指针放至蓝色虚线处，当鼠标指针变为↔形状时按住鼠标左键并拖曳，可以调整每页的显示范围，如下图所示。

3.【页面布局】视图

可以使用【页面布局】视图查看工作表。Excel 提供了一个水平标尺和一个垂直标尺，用户可以使用这两个工具精确测量单元格、区域、对象和页边距，可以快捷地定位对象，并直接在工作表上查看或编辑页边距。

❶ 单击【视图】选项卡下【工作簿视图】组中的【页面布局】按钮，进入【页面布局】视图，如下图所示。

> **提示** 用户也可以单击视图栏中的【页面布局】按钮，进入【页面布局】视图。

❷ 将鼠标指针移到页面的中缝处，当鼠标指针变成形状时单击，可隐藏空白区域，只显示有数据的部分，如下图所示。单击【工作簿视图】组中的【普通】按钮，可返回【普通】视图。

4.【自定义视图】视图

使用【自定义视图】视图可以将工作表中特定的显示设置和打印设置保存在特定的

视图中。

❶ 单击【视图】选项卡下【工作簿视图】组中的【自定义视图】按钮，如下图所示。

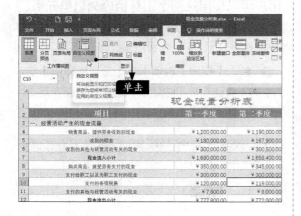

> **提示** 如果【自定义视图】按钮处于不可用状态，将表格转换为区域后该按钮即可使用。

❷ 在弹出的【视图管理器】对话框中单击【添加】按钮，如下图所示。

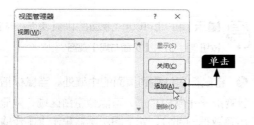

❸ 弹出【添加视图】对话框，在【名称】文本框中输入自定义视图的名称，如"自定义视图"；【视图包括】区域中的【打印设置】和【隐藏行、列及筛选设置】复选框默认已勾选，如

下图所示。单击【确定】按钮完成【自定义视图】的添加。

❹ 如果要将工作表显示，可单击【自定义视图】按钮，弹出【视图管理器】对话框。在其中选择需要打开的视图，单击【显示】按钮，如下图所示。

效果如下图所示。

5.3.2 放大或缩小工作表以查看数据

查看工作表时，为了方便查看，可以放大或缩小工作表。操作的方法有很多种，用户可以根据使用习惯自行选择和操作。放大、缩小工作表的具体操作如下。

方法一：通过视图栏调整。在打开的素材文件中，拖曳窗口右下角的【显示比例】滑块可改变工作表的显示比例。向左拖曳滑块，缩小显示工作表；向右拖曳滑块，放大显示工作表。另外，单击【缩小】按钮－或【放大】按钮＋，也可进行缩小或放大操作，如下页图所示。

方法二：按住【Ctrl】键向上滚动鼠标滚轮，可以放大显示工作表；按住【Ctrl】键向下滚动鼠标滚轮，可以缩小显示工作表，效果如下图所示。

方法三：使用【缩放】对话框。如果要缩小或放大为精准的比例，可以使用【缩放】对话框进行操作。单击【视图】选项卡下【缩放】组中的【缩放】按钮，如下图所示。或单击视图栏上的【缩放级别】按钮 100%。

在【缩放】对话框中，可以选择显示比例，

也可以自定义显示比例，如下图所示。

单击【确定】按钮完成调整，效果如下图所示。

方法四：缩放到选定区域。用户可以使所选的单元格区域充满整个窗口，有助于关注重点数据。单击【视图】选项卡下【缩放】组中的【缩放到选定区域】按钮，如下图所示。

可放大显示所选单元格区域，使其充满整个窗口，如下页图所示。如果要恢复为正常显示状态，单击【100%】按钮即可。

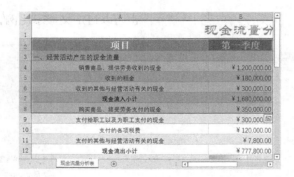

5.3.3 多窗口对比查看数据

如果需要在多窗口中对比查看不同区域的数据，可以使用以下方式。

❶ 在打开的素材文件中，单击【视图】选项卡下【窗口】组中的【新建窗口】按钮 ，新建一个名为 "现金流量分析表 .xlsx:2" 的窗口，原窗口名称自动改为 "现金流量分析表 .xlsx:1"，如下图所示。

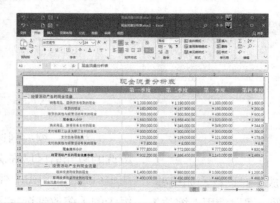

❷ 单击【视图】选项卡下【窗口】组中的【并排查看】按钮 并排查看，将两个窗口并排放置，如下图所示。

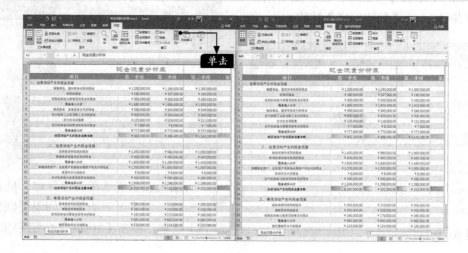

❸ 拖曳其中一个窗口的滚动条时，另一个窗口的滚动条会同步滚动，如下图所示。

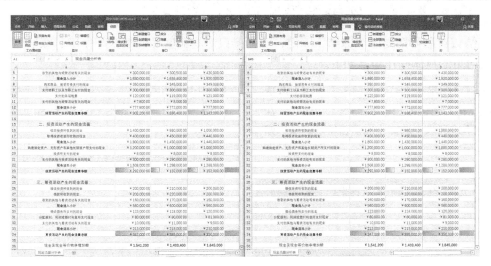

❹ 单击"现金流量分析表 .xlsx:1"工作表【视图】选项卡下【窗口】组中的【全部重排】按钮 ，弹出【重排窗口】对话框。从中可以设置窗口的排列方式，这里选中【水平并排】单选按钮，如下图所示。

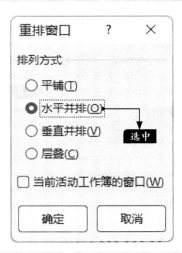

❺ 单击【确定】按钮，以水平并排方式排列窗口，如右上图所示。

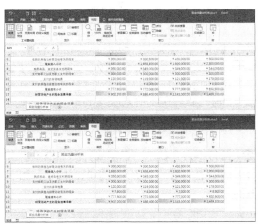

❻ 单击【关闭】按钮 ，即可恢复到【普通】视图状态，如下图所示。

5.3.4 冻结窗格让标题始终可见

冻结查看指将指定区域冻结、固定，滚动条只对其他区域的数据起作用。冻结窗格让标题始终可见的具体操作步骤如下。

❶ 在打开的素材文件中，单击【视图】选项卡下【窗口】组中的【冻结窗格】按钮，在弹出的下拉列表中选择【冻结首行】选项，如下图所示。

> **提示** 只能冻结工作表的顶行和左侧的列，无法冻结工作表中间的行和列。当单元格处于编辑模式（即正在单元格中输入公式或数据）或工作表受保护时，冻结窗格的相关选项不可用。如果要取消单元格编辑模式，按【Enter】键或【Esc】键即可。

❷ 首行下方会显示一条黑线，向下拖曳垂直滚动条，首行会一直显示在当前窗口中，如下图所示。

❸ 在【冻结窗格】下拉列表中选择【冻结首列】选项，首列右侧会显示一条黑线，如下图所示。

❹ 如果要取消冻结行和列，选择【冻结窗格】下拉列表中的【取消冻结窗格】选项即可，如下图所示。

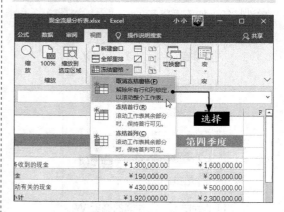

5.3.5 添加和编辑批注

批注是附加在单元格中与其他单元格内容进行区分的注释，给单元格添加批注可以突出单元格中的数据。添加和编辑批注的具体操作步骤如下。

❶ 选择要添加批注的单元格，如A15，单击鼠标右键，在弹出的快捷菜单中选择【插入批注】命令，如下页图所示。

❷ 在弹出的【批注】文本框中输入注释文本，如"格式有误"，如下图所示。

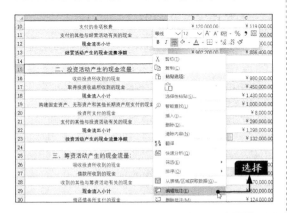

提示 已添加批注的单元格右上角会出现一个红色的三角形符号，当鼠标指针移到该单元格上时，将显示批注的内容。

❸ 当要对批注进行编辑时，可以选择包含批注的单元格，单击鼠标右键，在弹出的快捷菜单中选择【编辑批注】命令，如下图所示。

❹ 对批注内容进行编辑，编辑结束之后，单击批注框外的其他单元格退出编辑状态，编辑后的效果如右上图所示。

提示 选择批注文本框，当鼠标指针变为 形状时拖曳鼠标指针，可调整批注文本框的位置；当鼠标指针变为 形状时拖曳鼠标指针，可调整批注文本框的大小。

❺ 在单元格上单击鼠标右键，在弹出的快捷菜单中选择【显示/隐藏批注】命令，如下图所示，可以一直在工作表中显示批注。如果要隐藏批注，可以再打开快捷菜单并选择【隐藏批注】命令。

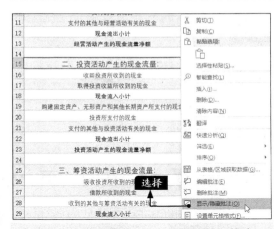

❻ 将鼠标指针定位在设有批注的单元格中，单击鼠标右键，在弹出的快捷菜单中选择【删除批注】命令，删除当前批注，如下图所示。

5.4 打印商品库存清单

打印工作表时，用户可以根据需要设置打印方式，如在同一页面打印不连续的区域、打印行号和列标或者每页都打印标题行等。

5.4.1 打印整张工作表

打印 Excel 表格的方法与打印 Word 文档类似，需要选择打印机并设置打印份数，具体的操作步骤如下。

❶ 打开 "素材 \ch05\ 商品库存清单 .xlsx" 文件，选择【文件】选项卡下的【打印】选项，在打印设置区域的【打印机】下拉列表中选择要使用的打印机，如下图所示。

❷ 在【份数】文本框中输入 "3"，打印 3 份，单击【打印】按钮，开始打印 Excel 表格，如下图所示。

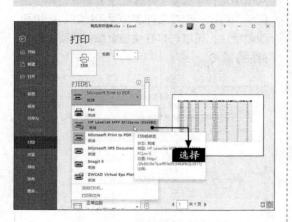

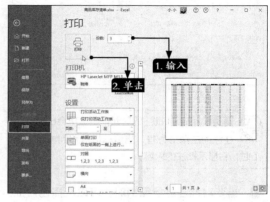

5.4.2 在同一页上打印不连续区域

打印不连续的单元格区域时，会将每个区域单独显示在不同的纸张页面。借助隐藏功能，可以将不连续的打印区域显示在一张纸上。

❶ 打开素材文件，工作簿中包含两个工作表，如果要将工作表中的 A1:H8 和 A15:H22 单元格区域打印在同一张纸上，需要将 A9:H14 和 A23:H26 单元格区域隐藏，如右图所示。

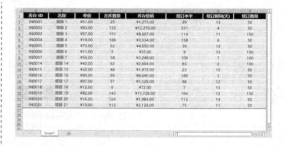

❷ 选择【文件】选项卡下的【打印】选项，在右侧单击【打印】按钮进行打印，如下页图所示。

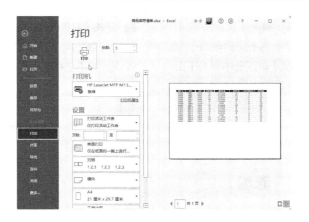

5.4.3 打印行号、列标

打印 Excel 表格时，可以根据需要将行号和列标打印出来，具体操作步骤如下。

❶ 打开素材文件，单击【页面布局】选项卡下【页面设置】组中的【打印标题】按钮，弹出【页面设置】对话框。在【工作表】选项卡的【打印】区域中勾选【行和列标题】复选框，单击【打印预览】按钮，如下图所示。

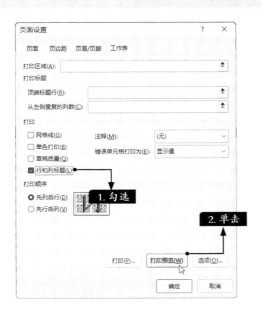

❷ 查看显示行号和列标后的打印预览效果，如下图所示。若满意，则可进行打印。

> **提示** 在【打印】区域中勾选【网格线】复选框，可以在打印预览界面查看网格线；勾选【单色打印】复选框，可以以灰度的形式打印工作表；勾选【草稿质量】复选框，可以节约耗材、提高打印速度，但打印质量会降低。

5.4.4 打印网格线

打印 Excel 表格时，一般都会打印没有网格线的工作表，如果需要将网格线打印出来，可以通过以下操作步骤实现。

❶ 在打开的素材文件中，单击【页面布局】选项卡下【页面设置】组中的【页面设置】按钮⬚。在弹出的【页面设置】对话框中单击【工作表】选项卡，勾选【网格线】复选框，如下图所示。

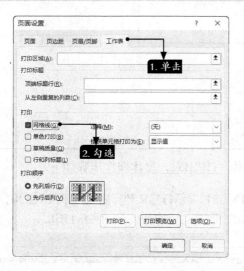

❷ 单击【打印预览】按钮，进入【打印】界面，在其右侧区域可预览带有网格线的工作表打印效果，如下图所示。若满意，则可进行打印。

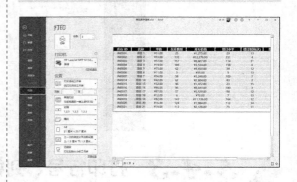

第

6

章

基本分析：数据排序、筛选与分类汇总

本章导读

　　数据分析是 Excel 的重要功能。Excel 的排序功能可以将数据表中的数据按照特定的规则排序，便于用户观察数据之间的规律；筛选功能可以对数据进行"过滤"，将满足指定条件的数据单独显示出来；分级显示和分类汇总功能可以对数据进行分类；合并计算功能可以汇总单独区域的数据，在单个输出区域中合并计算结果。

重点内容

+ 掌握数据验证功能的使用
+ 掌握数据的排序与筛选
+ 掌握分类汇总功能的使用
+ 掌握合并计算功能的使用

6.1 分析产品销售表

条件格式是指当条件为真时，自动应用于所选单元格的格式（如单元格的底纹或字体颜色）。设置条件格式是指在所选的单元格中将符合条件的单元格以一种格式显示，将不符合条件的单元格以另一种格式显示。下面就以分析产品销售表为例，介绍条件格式的使用方法。

6.1.1 突出显示单元格效果

在表格文件中可以突出显示大于、小于、介于、等于、文本包含和发生日期为某一值或者介于某个值区间的单元格，也可以突出显示重复值。在产品销售表中突出显示"销售数量"列数据大于 10 的单元格的具体操作步骤如下。

❶ 打开"素材 \ch06\ 分析产品销售表 .xlsx"文件，选择 D3:D17 单元格区域，如下图所示。

❷ 单击【开始】选项卡下【样式】组中的【条件格式】按钮 ，在弹出的下拉列表中选择【突出显示单元格规则】下的【大于】选项，如下图所示。

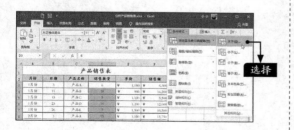

❸ 在弹出的【大于】对话框的文本框中输入"10"，在【设置为】下拉列表中选择【绿填充色深绿色文本】选项，单击【确定】按钮，如下图所示。

【销售数量】列数据大于 10 的单元格突出显示，如下图所示。

6.1.2 使用小图标显示销售业绩

使用图标集，可以对数据进行注释，还可以按阈值将数据分为 3 到 5 个类别。每个图标代表一个值的范围。使用五向箭头显示销售业绩的具体操作步骤如下。

在打开的素材文件中，选择 F3:F17 单元格区域。单击【开始】选项卡下【样式】组中的【条件格式】按钮，在弹出的下拉列表中选择【图标集】中【方向】下的【五向箭头（彩色）】选项，如下图所示。

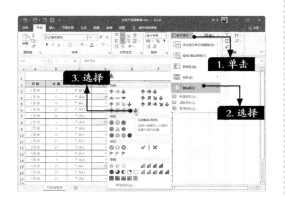

使用小图标显示销售业绩的效果如下图所示。

> **提示**　此外，还可以使用项目选取规则、数据条和色阶等突出显示数据，操作方法类似，这里就不再赘述。

6.1.3　使用自定义格式

使用自定义格式分析产品销售表的具体操作步骤如下。

❶ 在打开的素材文件中选择 E3:E17 单元格区域，如下图所示。

❷ 单击【开始】选项卡下【样式】组中的【条件格式】按钮，在弹出的下拉列表中选择【新建规则】选项，如下图所示。

❸ 弹出【新建格式规则】对话框，在【选择规则类型】列表框中选择【仅对高于或低于平均值的数值设置格式】选项，在下方【编辑规则说明】区域的【为满足以下条件的值设置格式】下拉列表中选择【高于】选项，单击【格式】按钮，如下图所示。

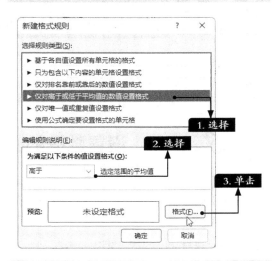

❹ 弹出【设置单元格格式】对话框，单击【字体】选项卡，设置【字体颜色】为【红色】。单击【填

充】选项卡，选择一种背景颜色，单击【确定】
按钮，如下图所示。

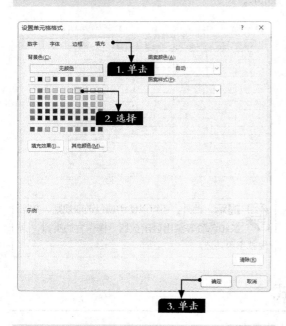

自定义格式的操作完成，最终效果如下
图所示。

⑤ 返回至【新建格式规则】对话框，在【预览】
区域即可看到预览效果，单击【确定】按钮，
如右上图所示。

6.2 分析员工销售业绩表

制作员工销售业绩表时可以使用 Excel 表格统计公司员工的销售业绩数据。在 Excel 中，
设置数据的有效性可以帮助分析工作表中的数据，例如对数值进行有效性的设置、排序、筛
选等。本节以分析员工销售业绩表为例，介绍数据的基本分析方法。

6.2.1 设置数据的有效性

在向工作表中输入数据时，为了防止输入错误的数据，可以为单元格设置有效的数据范
围，限制用户只能输入指定范围内的数据，这样可以极大地减小数据处理操作的复杂性。具
体操作步骤如下。

① 打开"素材 \ch06\ 员工销售业绩表 .xlsx"文件，选择 A3:A13 单元格区域，单击【数据】选项
卡下【数据工具】组中的【数据验证】按钮 ，如下页图所示。

❷ 弹出【数据验证】对话框，在【设置】选项下的【允许】下拉列表中选择【文本长度】选项，如下图所示。

❸ 在【数据】下拉列表中选择【等于】选项，在【长度】文本框中输入"5"，如下图所示。

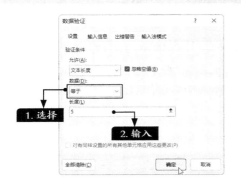

❹ 单击【出错警告】选项卡，在【样式】下拉列表中选择【警告】选项，在【标题】和【错

误信息】文本框中分别输入标题和警告信息，如下图所示，单击【确定】按钮。

❺ 返回工作表，当用户在 A3:A13 单元格中输入不符合要求的数字时，会提示如下警告信息，单击【否】按钮，如下图所示。

❻ 返回工作表，输入正确的员工编号，如下图所示。

第1季度员工销售业绩表		
员工编号	员工姓名	销售额（单位：万元）
16001	王××	87
16002	李××	158
16003	胡××	58
16004	马××	224
16005	刘××	86
84520	陈××	90
16007	张××	110
16008	于××	342
58456	金××	69
16010	冯××	174
16011	钱××	82

6.2.2 对销售额进行排序

可以对销售额进行排序，下面介绍自动排序和自定义排序的操作。

1. 自动排序

Excel 提供了多种排序方法，可以在员工销售业绩表中对销售额进行排序，具体操作步骤如下。

❶ 接 6.2.1 小节的操作，按照销售额由高到低进行排序。选择销售额所在的 C 列的任意一个单元格，如下图所示。

	第1季度员工销售业绩表		
	员工编号	员工姓名	销售额（单位：万元）
	16001	王××	87
	16002	李××	158
	16003	胡××	58
	16004	马××	224
	16005	刘××	86
	84520	陈××	90
	16007	张××	110
	16008	于××	342
	58456	金××	69
	16010	冯××	174
	16011	钱××	82

❷ 单击【数据】选项卡下【排序和筛选】组中的【降序】按钮，如下图所示。

按照员工销售额由高到低进行排列的效果如下图所示。

	第1季度员工销售业绩表		
	员工编号	员工姓名	销售额（单位：万元）
	16008	于××	342
	16004	马××	224
	16010	冯××	174
	16002	李××	158
	16007	张××	110
	84520	陈××	90
	16001	王××	87
	16005	刘××	86
	16011	钱××	82
	58456	金××	69
	16003	胡××	58

❸ 单击【数据】选项卡下【排序和筛选】组中的【升序】按钮，按照员工销售额由低到高的顺序显示数据，如右上图所示。

	第1季度员工销售业绩表		
	员工编号	员工姓名	销售额（单位：万元）
	16003	胡××	58
	58456	金××	69
	16011	钱××	82
	16005	刘××	86
	16001	王××	87
	84520	陈××	90
	16007	张××	110
	16002	李××	158
	16010	冯××	174
	16004	马××	224
	16008	于××	342

2. 自定义排序

在"员工销售业绩表 .xlsx"工作簿中，用户可以根据需要设置自定义排序，如按照员工的姓名进行排序，具体操作步骤如下。

❶ 接上述操作，按照员工的姓名进行排序。选择 B 列的任意一个单元格，单击【数据】选项卡下【排序和筛选】组中的【排序】按钮，如下图所示。

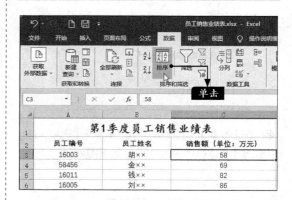

❷ 在弹出的【排序】对话框的【主要关键字】下拉列表中选择【员工姓名】选项，在【次序】下拉列表中选择【自定义序列】选项，如下图所示。

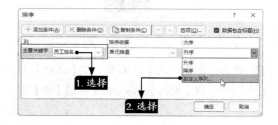

❸ 在弹出的【自定义序列】对话框的【输入序列】列表框中输入排序文本，单击【添加】按钮，将自定义序列添加至【自定义序列】列

表框中，如下图所示，单击【确定】按钮。

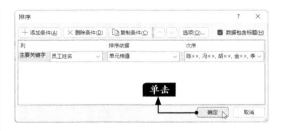

自定义排序的结果如下图所示。

❹ 返回至【排序】对话框，可看到【次序】
文本框中显示的是自定义的序列，单击【确定】
按钮，如右上图所示。

6.2.3 对数据进行筛选

Excel 提供了数据筛选功能，可以准确、方便地找出符合要求的数据。

1. 单条件筛选

Excel 中的单条件筛选，就是将符合一种条件的数据筛选出来，具体操作步骤如下。

❶ 接 6.2.2 小节的操作，在打开的"员工销
售业绩表 .xlsx"工作簿中，选择数据区域内
的任意一个单元格，在【数据】选项卡中单击【排
序和筛选】组中的【筛选】按钮，如下图所示。

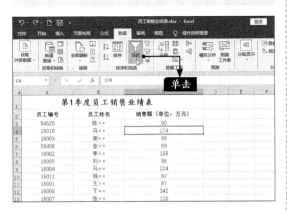

在"自动筛选"状态下，标题行每列的
右侧会出现一个下拉按钮，如下图所示。

❷ 单击【员工姓名】列右侧的下拉按钮，在
弹出的下拉列表中取消勾选【（全选）】复选框，
勾选【李 ×× 】和【马 ×× 】复选框，单击【确
定】按钮，如下页图所示。

经过筛选后的数据清单如下图所示，可以看到仅显示了"李××""马××"的销售情况，其他记录均被隐藏。

2. 按文本筛选

在工作簿中，也可以按文本进行筛选，如在"员工销售业绩表.xlsx"工作簿中筛选出姓"冯"和姓"金"的员工的销售情况，具体操作步骤如下。

❶ 接上述操作，单击【员工姓名】列右侧的下拉按钮，在弹出的下拉列表中勾选【全选】复选框，如下图所示，单击【确定】按钮，使所有员工的销售额显示出来。

❷ 单击【员工姓名】列右侧的下拉按钮，在弹出的下拉列表中选择【文本筛选】→【开头是】选项，如下图所示。

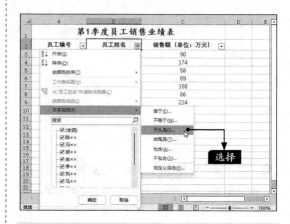

❸ 在弹出的【自定义自动筛选方式】对话框的【开头是】右侧的文本框中输入"冯"，选中【或】单选按钮，并在下方的下拉列表框中选择【开头是】选项，在右侧的文本框中输入"金"，单击【确定】按钮，如下图所示。

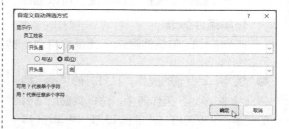

姓"冯"和姓"金"的员工的销售情况如下图所示。

6.2.4 筛选销售额高于平均值的员工

如果要查看哪些员工的销售额高于平均值，可以使用 Excel 的自动筛选功能，具体操作步骤如下。

接 6.2.3 小节的操作，取消当前筛选，单击【销售额】列右侧的下拉按钮 ▾，在弹出的下拉列表中选择【数字筛选】→【高于平均值】选项，如下图所示。

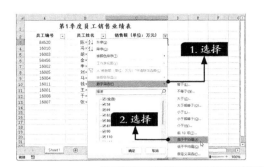

销售额高于平均值的员工的相关信息如下图所示。

6.3 制作汇总销售记录表

汇总销售记录表主要是使用分类汇总功能，将大量的数据分类后进行汇总计算，并显示各级别的汇总信息。本节以制作汇总销售记录表为例，介绍分类汇总功能的使用方法。

6·3·1 建立分级显示

为了便于管理工作表中的数据，可以建立分级显示，最多可设 8 个级别，每组 1 级。每个内部级别在分级显示中由较大的数字表示，它们分别显示其前一外部级别的明细数据，这些外部级别在分级显示中由较小的数字表示。使用分级显示可以对数据进行分组并快速显示汇总行或汇总列，或者显示每组的明细数据。可创建行的分级显示（如本小节示例）、列的分级显示或者行和列的分级显示，具体操作步骤如下。

❶ 打开"素材 \ch06\ 汇总销售记录表 .xlsx"文件，选择 A1:F2 单元格区域，如右图所示。

		销售情况表			
销售日期	购货单位	产品	数量	单价	合计
2022/3/5	XX数码店	VR眼镜	100	¥ 213.00	¥ 21,300.00
2022/3/15	XX数码店	VR眼镜	50	¥ 213.00	¥ 10,650.00
2022/3/16	XX数码店	智能手表	60	¥ 399.00	¥ 23,940.00
2022/3/30	XX数码店	平衡车	30	¥ 999.00	¥ 29,970.00
2022/3/15	XX数码店	蓝牙音箱	60	¥ 78.00	¥ 4,680.00
2022/3/25	XX数码店	AI音箱	260	¥ 199.00	¥ 51,740.00
2022/3/15	YY数码店	VR眼镜	200	¥ 213.00	¥ 42,600.00
2022/3/30	YY数码店	智能手表	200	¥ 399.00	¥ 79,800.00
2022/3/15	YY数码店	AI音箱	300	¥ 199.00	¥ 59,700.00
2022/3/4	YY数码店	蓝牙音箱	50	¥ 78.00	¥ 3,900.00
2022/3/8	YY数码店	智能手表	150	¥ 399.00	¥ 59,850.00

❷ 单击【数据】选项卡下【分级显示】组中的【组合】按钮，在弹出的下拉列表中选择【组合】选项，如下图所示。

❸ 弹出【组合】对话框，选中【行】单选按钮，单击【确定】按钮，如下图所示。

A1:F2单元格区域被设置为一个组，如下图所示。

❹ 使用同样的方法设置A3:F13单元格区域，如下图所示。

❺ 单击 ① 按钮，将分组后的区域折叠，如下图所示。

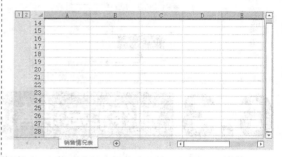

6·3·2 创建简单分类汇总

要进行分类汇总的数据列表，每一列数据都要有列标题。Excel使用列标题来决定如何创建数据组以及如何计算总和。在汇总销售记录表中，创建简单分类汇总的具体操作步骤如下。

❶ 打开"素材\ch06\汇总销售记录表.xlsx"文件，选择F列数据区域内的任意单元格，单击【数据】选项卡下【排序和筛选】组中的【降序】按钮，如右图所示。

排序结果如下图所示。

❷ 单击【数据】选项卡下【分级显示】组中的【分类汇总】按钮，如下图所示，弹出【分类汇总】对话框。

❸ 在【分类字段】下拉列表中选择【产品】选项，表示以【产品】字段进行分类汇总；在【汇总方式】下拉列表中选择【求和】选项，在【选定汇总项】列表框中勾选【合计】复选框，并勾选【汇总结果显示在数据下方】复选框，如右上图所示。

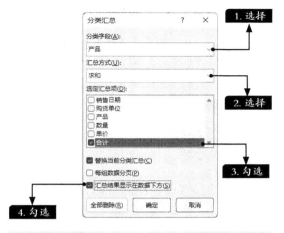

❹ 单击【确定】按钮。分类汇总的效果如下图所示。

6·3·3　创建多重分类汇总

在 Excel 中，要根据两个或多个分类项对工作表中的数据进行分类汇总，可以使用以下方法。

（1）按分类项的优先级对相关字段排序。

（2）按分类项的优先级多次执行分类汇总，执行时，取消勾选【分类汇总】对话框中的【替换当前分类汇总】复选框。

创建多重分类汇总的具体操作步骤如下。

❶ 打开"素材 \ch06\ 汇总销售记录表 .xlsx"文件，选择数据区域中的任意单元格，单击【数据】选项卡下【排序和筛选】组中的【排序】按钮，如右图所示。

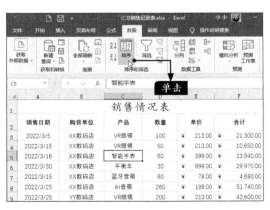

❷ 弹出【排序】对话框，设置【主要关键字】为【购货单位】，设置【次序】为【升序】，然后单击【添加条件】按钮，如下图所示。

❸ 设置【次要关键字】为【产品】，设置【次序】为【升序】，单击【确定】按钮，如下图所示。

❹ 单击【分级显示】组中的【分类汇总】按钮，如下图所示。

❺ 弹出【分类汇总】对话框，在【分类字段】下拉列表中选择【购货单位】选项，在【汇总方式】下拉列表中选择【求和】选项，在【选定汇总项】列表框中勾选【合计】复选框，并勾选【汇总结果显示在数据下方】复选框，如下图所示。

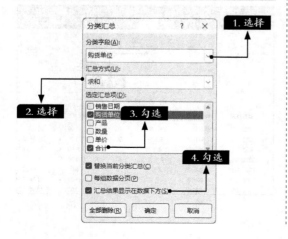

❻ 单击【确定】按钮。分类汇总后的工作表如下图所示。

❼ 再次单击【分类汇总】按钮，在【分类字段】下拉列表中选择【产品】选项，在【汇总方式】下拉列表中选择【求和】选项，在【选定汇总项】列表框中勾选【合计】复选框，取消勾选【替换当前分类汇总】复选框，单击【确定】按钮，如下图所示。

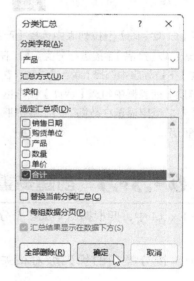

建立的两重分类汇总如下图所示。

6·3·4 分级显示数据

在建立的分类汇总工作表中，数据是分级显示的，并在左侧显示级别，如多重分类汇总后的汇总销售记录表的左侧就显示了 4 级分类。分级显示数据的具体操作步骤如下。

❶ 单击 1 按钮，显示一级数据，即汇总项的总和，如下图所示。

❷ 单击 2 按钮，显示一级和二级数据，即总计和购货单位汇总，如下图所示。

❸ 单击 3 按钮，显示一、二、三级数据，即总计、购货单位和产品汇总，如下图所示。

❹ 单击 4 按钮，显示所有汇总的详细信息，如下页图所示。

6·3·5 清除分类汇总

如果不再需要分类汇总，可以将其清除，具体操作步骤如下。

❶ 接 6.3.4 小节的操作，选择分类汇总后工作表数据区域内的任意单元格。在【数据】选项卡中单击【分级显示】组中的【分类汇总】按钮 。弹出【分类汇总】对话框，如下图所示。

❷ 在【分类汇总】对话框中，单击【全部删除】按钮即可清除分类汇总。清除后的效果如下图所示。

6.4 合并计算销售报表

本节主要讲解如何使用合并计算功能生成汇总的产品销售报表。

6·4·1 按照位置合并计算

按照位置进行合并计算就是按同样的顺序排列所有工作表中的数据，将它们放在同一位置，具体操作步骤如下。

❶ 打开"素材 \ch06\ 数码产品销售报表 .xlsx"文件。选择"一月报表"工作表的 A1:C5 单元格区域，在【公式】选项卡中单击【定义的名称】组中的【定义名称】按钮 ⊘定义名称 ，如下图所示。

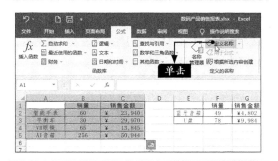

❷ 弹出【新建名称】对话框，在【名称】文本框中输入"一月报表 1"，单击【确定】按钮，如下图所示。

❸ 选择当前工作表的 E1:G3 单元格区域，使用同样的方法打开【新建名称】对话框，在【名称】文本框中输入"一月报表 2"，单击【确定】按钮，如下图所示。

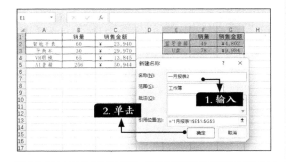

❹ 选择工作表中的 A6 单元格，在【数据】

选项卡中单击【数据工具】组中的【合并计算】按钮 ，如下图所示。

❺ 在弹出的【合并计算】对话框的【引用位置】文本框中输入"一月报表 2"，单击【添加】按钮，把"一月报表 2"添加到【所有引用位置】列表框中，勾选【最左列】复选框，单击【确定】按钮，如下图所示。

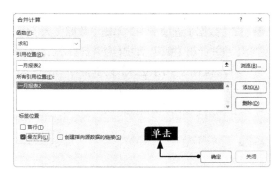

"一月报表 2"区域合并到"一月报表 1"区域中，如下图所示。

> **提示** 合并前要确保每个数据区域都采用列表格式，第一行中的每列都具有标签，同一列中包含相似的数据，并且列表中没有空行或空列。

6·4·2 由多个明细表快速生成汇总表

如果数据分散在各个明细表中,需要将这些数据汇总到一个总表中,可以使用合并计算功能,具体操作步骤如下。

❶ 接 6.4.1 小节的操作,选择"第一季度销售报表"工作表中的 A1 单元格,如下图所示。

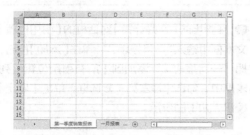

❷ 在【数据】选项卡中,单击【数据工具】组中的【合并计算】按钮,弹出【合并计算】对话框。将光标定位在【引用位置】文本框中,然后选择"一月报表"工作表中的 A1:C7 单元格区域,单击【添加】按钮,如下图所示。

❸ 重复此操作,依次添加二月、三月报表的数据区域,并勾选【首行】和【最左列】复选框,单击【确定】按钮,如下图所示。

合并计算后的数据如下图所示。

第 **7** 章

公式函数：提高数据分析效率

本章导读

公式和函数是 Excel 的重要组成部分，它们使 Excel 拥有强大的计算能力，为用户分析和处理工作表中的数据提供了很大的方便。使用公式和函数可以节省处理数据的时间，降低处理大量数据时的出错率。用好公式和函数，是使用 Excel 高效、便捷地分析和处理数据的保证。

重点内容

✚ 掌握公式的应用方法
✚ 掌握单元格的引用
✚ 掌握常用函数的使用方法

7.1 制作家庭开支明细表

家庭开支明细表主要用于计算家庭的日常开支情况，是日常生活中最常用的统计表格之一。在 Excel 中，公式可以帮助用户分析工作表中的数据，例如对数值进行加、减、乘、除等运算。本节以制作家庭开支明细表为例介绍公式的使用方法。

7.1.1 认识公式

公式就是一个等式，是由一组数据和运算符组成的。下面为应用公式的几个例子。

=2023+1

=SUM（A1:A9）

=现金收入 - 支出

上面的例子体现了公式的语法，即公式以"="开头，后面紧接数据和运算符，数据可以是常数、单元格引用、单元格名称和工作表函数等。

公式使用运算符来处理数值、文本、工作表函数及其他函数，在一个单元格中计算出一个数值。数值和文本可以位于其他的单元格中，这样方便更改数据，赋予工作表动态特征。

> **提示** 函数是 Excel 软件内置的程序，用来实现预定的计算功能，或者说是一种内置的公式。公式是用户根据数据统计、处理和分析的实际需要，将函数式、引用、常量等参数通过运算符连接起来，实现用户需要的计算功能的一种表达式。

输入单元格的公式可以由下列几个元素组成（注意以"="开头）。

（1）运算符，如"+"（相加）或"*"（相乘）。

（2）单元格引用（包含定义了名称的单元格和单元格区域）。

（3）数值和文本。

（4）工作表函数，如 SUM 函数或 AVERAGE 函数。

在单元格中输入公式后，单元格中会显示公式的计算结果。当选中单元格的时候，公式本身会出现在编辑栏里。下面给出几个公式示例。

=2023*0.5	公式只使用了数值且不是很有用，建议使用单元格与单元格相乘的方式
=A1+A2	把单元格A1和A2中的值相加
=Income−Expenses	用单元格Income（收入）的值减去单元格Expenses（支出）的值
=SUM(A1:A12)	把A1到A12所有单元格中的数值相加
=A1=C12	比较单元格A1和C12。如果相等，返回TRUE，否则返回FALSE

7.1.2 输入公式

在单元格中输入公式的方法可分为手动输入和单击输入两种。

1. 手动输入

在选定的单元格中输入"=3+5"。输入时，输入的内容会同时出现在单元格和编辑栏中，按【Enter】键后该单元格中会显示运算结果"8"。

2. 单击输入

单击输入公式更简单快捷，也不容易出错，具体操作步骤如下。

❶ 打开"素材 \ch07\ 家庭开支明细表 .xlsx"文件，选择 D10 单元格，输入"="，如下图所示。

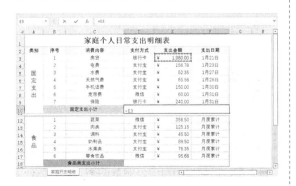

❷ 选择 E3 单元格，单元格周围会显示虚线边框，此时对该单元格的引用会出现在 D10 单元格和编辑栏中，如下图所示。

❸ 输入"+"，再选择 E4 单元格，此时单元格 E3 的虚线边框会变为实线边框，而 E4 单元格周围会显示虚线边框，如下图所示。

❹ 重复步骤 ❸，依次选择 E5、E6、E7、E8 和 E9 单元格，如下图所示。

❺ 按【Enter】键或单击【输入】按钮 ✓，计算出结果，如下图所示。

7.1.3 自动求和

自动求和在日常工作中的应用非常普遍。

1. 自动显示计算结果

自动显示计算结果功能用于查看选定的单元格区域内的各种汇总数值,包括平均值、包含数据的单元格计数、求和、最大值和最小值等。如在打开的素材文件中,选择E3:E9 单元格区域,在状态栏中即可看到计算结果,如下图所示。

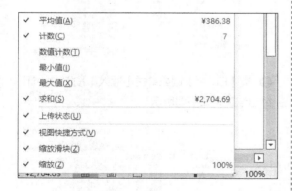

如果未显示计算结果,则可在状态栏上右击,在弹出的快捷菜单中选择需要的命令,如【求和】、【平均值】等,如下图所示。

✓ 平均值(A)		¥386.38
✓ 计数(C)		7
数值计数(T)		
最小值(I)		
最大值(X)		
✓ 求和(S)		¥2,704.69
上传状态(U)		
✓ 视图快捷方式(V)		
✓ 缩放滑块(Z)		
✓ 缩放(Z)		100%

2. 自动求和

Excel 为求和计算设置了一个【自动求和】按钮 Σ 自动求和 ,位于【开始】选项卡的【编辑】组中,该按钮可以自动设定对应单元格区域的引用地址。另外,在【公式】选项卡下的【函数库】组中,也有【自动求和】按钮。

自动求和的具体操作步骤如下。

❶ 在打开的素材文件中,选择 D18 单元格,在【公式】选项卡中,单击【函数库】组中的【自动求和】按钮 Σ 自动求和 ,如下图所示。

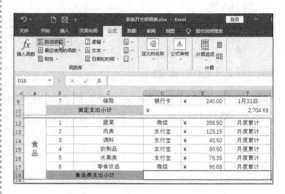

求和函数 SUM(D10:F17) 出现在 D18 单元格中,表示求该区域内的数据总和,如下图所示。

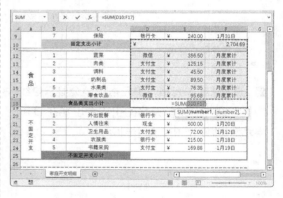

> **提示** 按【Alt+=】组合键,也可快速执行求和操作。

❷ 更改参数为 E12:E17 单元格区域,E12:E17 单元格区域会被虚线边框包围,在此函数的下方会自动显示有关该函数的格式及参数,如下页图所示。

❸ 单击编辑栏中的【输入】按钮✓，或者按【Enter】键，即可在 D18 单元格中计算出 E12:E17 单元格区域内数值的和，如右图所示。

 提示 使用【自动求和】按钮Σ，不仅可以求出一组数据的总和，还可以在多组数据中自动求出每组数据的和。

7.1.4 使用单元格引用计算总利润

单元格引用就是引用单元格的地址，即把单元格的数据和公式联系起来。

1. 引用样式

单元格引用有不同的表示方法，既可以直接使用相应的地址表示，也可以用单元格名称表示。用地址来表示单元格引用有两种样式，一种是 A1 引用样式，如下左图所示；另一种是 R1C1 引用样式，如下右图所示。

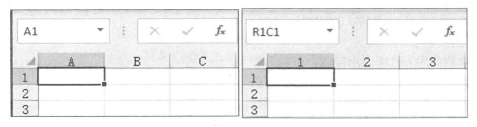

（1）A1 引用样式

A1 引用样式是 Excel 的默认引用类型。这种引用样式用字母表示列（从 A 到 XFD，共16384 列），用数字表示行（从 1 到 1048576）。引用时先写列字母，再写行数字。若要引用单元格，直接输入列标和行号即可。例如，B2 是引用第 B 列和第 2 行交叉处的单元格，如下图所示。

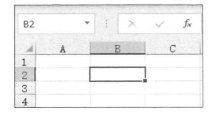

如果要引用单元格区域，可以输入"该区域左上角单元格的地址：该区域右下角单元格

的地址"。例如在"家庭开支明细表.xlsx"工作簿中，D18 单元格中输入的公式就引用了 E12:E17 单元格区域，如下图所示。

（2）R1C1 引用样式

R1C1 引用样式，用"R"加行数字和"C"加列数字来表示单元格的位置。若表示相对引用，行数字和列数字都要用"[]"括起来；如果不加，则表示绝对引用。如当前单元格是 A1，则该单元格的 R1C1 引用样式为 R1C1；R[1]C[1] 则表示引用当前单元格下面一行和右边一列交叉处的单元格，即 B2。

> **提示** R 代表 Row，是行的意思；C 代表 Column，是列的意思。A1 引用样式与 R1C1 引用样式中的绝对引用等价。

如果要启用 R1C1 引用样式，可以选择【文件】选项卡，在弹出的列表中选择【选项】选项。在弹出的【Excel 选项】对话框左侧选择【公式】选项，在右侧的【使用公式】区域中勾选【R1C1 引用样式】复选框，单击【确定】按钮，如下图所示。

2. 相对引用

相对引用是指对单元格的引用会随公式所在单元格位置的变更而改变。复制公式时，系统不是把单元格地址原样照搬，而是根据原来的位置和复制的目标位置来推算出公式中单元格地址相对原来位置发生的变化。默认情况下，公式使用的是相对引用。

3. 绝对引用

绝对引用是指在复制公式时，无论如何改变公式的位置，其引用的单元格地址都不会改变。绝对引用的表示形式是在普通地址前面加"$"，如 C1 单元格的绝对引用形式是 $C$1。

4. 混合引用

除了相对引用和绝对引用，还有一种引用方式叫混合引用，也就是相对引用和绝对引用的混合。当需要固定行引用而改变列引用，或者固定列引用而改变行引用时，就需要用到混合引用，即相对引用部分发生改变、绝对引用部分不变。例如，$B5、B$5 都是混合引用。

在打开的素材文件中选择 D25 单元格，输入公式"=$E20+$E21+$E22+$E23+$E24"，按【Enter】键，如下图所示。

计算出结果，如下图所示，此时的引用即混合引用。

5. 三维引用

三维引用是对跨工作表或工作簿的单元格或单元格区域的引用。三维引用的形式为“[工作簿名] 工作表名 ! 单元格或单元格区域地址”。

> **提示** 跨工作簿引用单元格或单元格区域时，引用对象前面必须用“!”作为工作表分隔符，用“[ ]”作为工作簿分隔符，其一般形式为“[工作簿名] 工作表名 ! 单元格或单元格区域地址”。

6. 循环引用

当一个单元格的公式直接或间接地引用了这个公式本身所在的单元格时，就把这种情况称为循环引用。使用循环引用时，在状态栏中会显示“循环引用”字样，以及循环引用的单元格地址。

下面就使用单元格引用计算总开支，具体操作步骤如下。

❶ 在打开的素材文件中选择 E27 单元格，在编辑栏中输入“=SUM(D10:D25)”，如下图所示。

SUM　=SUM(D10:D25)

	A	B	C	D	E	F
13	食品	2	肉类	支付宝	¥ 125.15	月度累计
14		3	调料	支付宝	¥ 45.50	月度累计
15		4	奶制品	支付宝	¥ 89.50	月度累计
16		5	水果类	支付宝	¥ 76.35	月度累计
17		6	零食饮品	微信	¥ 95.68	月度累计
18		食品类支出小计		¥		788.68
20	不固定开支	1	外出就餐	银行卡	¥ 278.00	1月15日
21		2	人情往来	现金	¥ 500.00	1月20日
22		3	卫生用品	支付宝	¥ 72.00	1月12日
23		4	衣服类	银行卡	¥ 215.00	1月18日
24		5	书籍采购	支付宝	¥ 169.88	1月19日
25		不固定开支小计		¥		1,234.88
26						
27		2022年1月家庭总开支			=SUM(D10:D25)	
28						

家庭开支明细

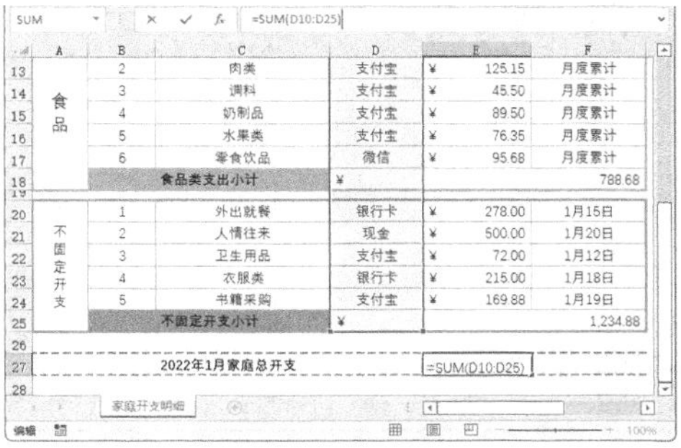

❷ 单击【输入】按钮✓或者按【Enter】键，使用相对引用计算总开支。得到的效果如右上图所示。

E27　=SUM(D10:D25)

	A	B	C	D	E	F
13	食品	2	肉类	支付宝	¥ 125.15	月度累计
14		3	调料	支付宝	¥ 45.50	月度累计
15		4	奶制品	支付宝	¥ 89.50	月度累计
16		5	水果类	支付宝	¥ 76.35	月度累计
17		6	零食饮品	微信	¥ 95.68	月度累计
18		食品类支出小计		¥		788.68
20	不固定开支	1	外出就餐	银行卡	¥ 278.00	1月15日
21		2	人情往来	现金	¥ 500.00	1月20日
22		3	卫生用品	支付宝	¥ 72.00	1月12日
23		4	衣服类	银行卡	¥ 215.00	1月18日
24		5	书籍采购	支付宝	¥ 169.88	1月19日
25		不固定开支小计		¥		1,234.88
26						
27		2022年1月家庭总开支			¥ 4,728.25	
28						

家庭开支明细

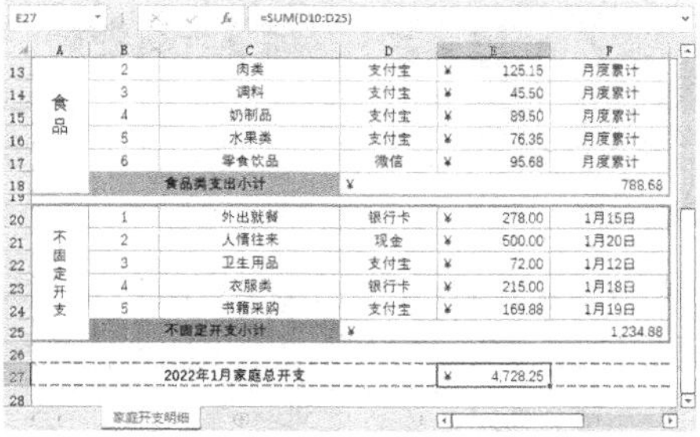

❸ 选择 E27 单元格，在编辑栏中修改内容为“=SUM($D$10:$D$25)”，然后单击【输入】按钮✓或按【Enter】键，也可以计算出总开支，此时的引用方式为绝对引用。得到的结果如下图所示。

E27　=SUM($D$10:$D$25)

	A	B	C	D	E	F
13	食品	2	肉类	支付宝	¥ 125.15	月度累计
14		3	调料	支付宝	¥ 45.50	月度累计
15		4	奶制品	支付宝	¥ 89.50	月度累计
16		5	水果类	支付宝	¥ 76.36	月度累计
17		6	零食饮品	微信	¥ 95.68	月度累计
18		食品类支出小计		¥		788.68
20	不固定开支	1	外出就餐	银行卡	¥ 278.00	1月15日
21		2	人情往来	现金	¥ 500.00	1月20日
22		3	卫生用品	支付宝	¥ 72.00	1月12日
23		4	衣服类	银行卡	¥ 215.00	1月18日
24		5	书籍采购	支付宝	¥ 169.88	1月19日
25		不固定开支小计		¥		1,234.88
26						
27		2022年1月家庭总开支			¥ 4,728.25	
28						

家庭开支明细

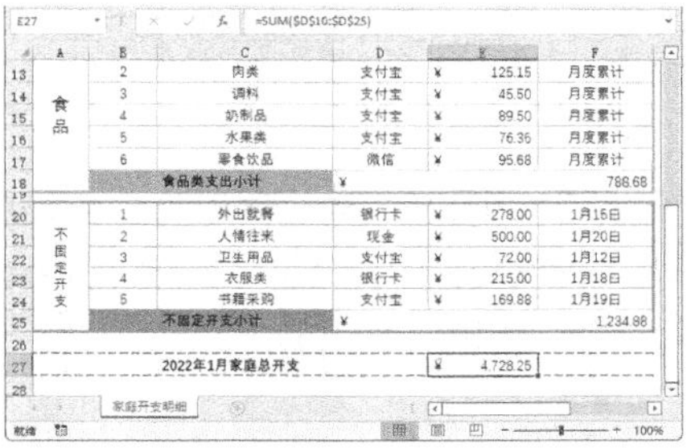

❹ 再次选择 E27 单元格，在编辑栏中修改内容为“=$D$10+D18+$D25”，然后单击【输入】按钮✓或按【Enter】键，也可计算出总开支，此时的引用方式为混合引用。得到的结果如下图所示。

E27　=$D$10+D18+$D25

	A	B	C	D	E	F
13	食品	2	肉类	支付宝	¥ 125.15	月度累计
14		3	调料	支付宝	¥ 45.50	月度累计
15		4	奶制品	支付宝	¥ 89.50	月度累计
16		5	水果类	支付宝	¥ 76.35	月度累计
17		6	零食饮品	微信	¥ 95.68	月度累计
18		食品类支出小计		¥		788.68
20	不固定开支	1	外出就餐	银行卡	¥ 278.00	1月15日
21		2	人情往来	现金	¥ 500.00	1月20日
22		3	卫生用品	支付宝	¥ 72.00	1月12日
23		4	衣服类	银行卡	¥ 215.00	1月18日
24		5	书籍采购	支付宝	¥ 169.88	1月19日
25		不固定开支小计		¥		1,234.88
26						
27		2022年1月家庭总开支			¥ 4,728.25	
28						

家庭开支明细

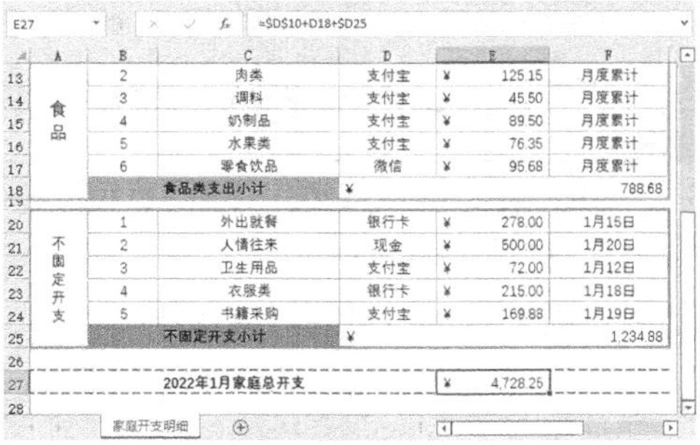

7.2 制作员工薪资管理系统

员工薪资管理系统由工资表、员工基本信息、销售奖金表、业绩奖金标准等部分组成，各个工作表之间也需要使用函数相互调用数据，最后各个工作表共同组成“员工薪资管理系统”工作簿。

7·2·1 输入函数

输入函数的方法很多，可以根据需要进行选择。在"员工基本信息"工作表中的具体操作步骤如下。

❶ 打开"素材\ch07\员工薪资管理系统.xlsx"文件，选择"员工基本信息"工作表，并选中E3单元格，输入"="，如下图所示。

❸ 输入"*"，再输入"12%"。按【Enter】键，完成公式的输入并得出结果，如下图所示。

❷ 单击D3单元格，单元格周围会显示虚线边框，同时编辑栏中会显示"=D3"，这就表示单元格已被引用，如下图所示。

❹ 使用填充功能，将公式填充至E12单元格，计算出所有员工的五险一金金额。得到的结果如下图所示。

7·2·2 自动更新员工基本信息

"员工薪资管理系统"工作簿中的最终数据都将显示在"工资表"工作表中，如果"员工基本信息"工作表中的基本信息发生改变，则"工资表"工作表中的相应数据也要随之改变。自动更新员工基本信息的具体操作步骤如下。

❶ 选择"工资表"工作表，选中A3单元格。在编辑栏中输入"=TEXT(员工基本信息!A3,0)"，如右图所示。

❷ 按【Enter】键确认，将"员工基本信息"工作表相应单元格的员工编号引用到 A3 单元格中，如下图所示。

B3 单元格中会显示员工姓名，如下图所示。

> 📝 **提示** 公式"=TEXT(员工基本信息 !B3,0)"用于显示"员工基本信息"工作表中 B3 单元格中的员工姓名。

❸ 使用填充功能将公式填充到 A4 至 A12 单元格中，效果如下图所示。

❺ 使用填充功能将公式填充到 B4 至 B12 单元格中，效果如下图所示。

❹ 选中 B3 单元格，在编辑栏中输入"=TEXT(员工基本信息 !B3,0)"。按【Enter】键确认，

7.2.3 计算奖金及扣款数据

业绩奖金是企业员工工资的重要组成部分，根据员工的业绩划分为几个等级，每个等级的奖金比例各不相同。计算奖金及扣款数据的具体操作步骤如下。

❶ 切换至"销售奖金表"工作表，选中 D3 单元格，在单元格中输入公式"=HLOOKUP(C3，业绩奖金标准 !$B$2:$F$3,2)"，如右图所示。

❷ 按【Enter】键确认，得出奖金比例，结果如下图所示。

❸ 使用填充功能将公式填充到 D4 至 D12 单元格中，如下图所示。

❹ 选中 E3 单元格，在单元格中输入公式"=IF(C3<50000,C3*D3,C3*D3+500)"，如下图所示。

❺ 按【Enter】键确认，计算出该员工的奖金数目，结果如右上图所示。

❻ 使用填充功能得出其余员工的奖金数目，结果如下图所示。

公司对加班有相应的奖励，而迟到、请假，则会扣除部分工资。下面介绍在"奖励扣除表"工作表中计算奖励和扣除数据，具体操作步骤如下。

❶ 切换至"奖励扣除表"工作表，选中 E3 单元格，输入公式"=C3-D3"，如下图所示。

❷ 按【Enter】键确认，得出员工"刘一"的应奖励或扣除数据，结果如下页图所示。

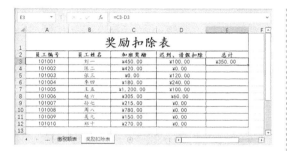

为负值，是扣除数目，如下图所示。

❸ 使用填充功能，计算出每位员工应奖励或扣除的数据，结果用"（ ）"标注的数据表示

7.2.4 计算应发工资和个人所得税

个人所得税根据个人收入的不同，采用阶梯的形式征收税率，直接计算比较复杂。在本案例中，直接给出了当月应缴税额，使用函数进行引用即可。计算应发工资和个人所得税的具体操作步骤如下。

1. 计算应发工资

❶ 切换至"工资表"工作表，选中 C3 单元格，如下图所示。

❷ 在单元格中输入公式"=员工基本信息 !D3-员工基本信息 !E3+ 销售奖金表 !E3"，如下图所示。

❸ 按【Enter】键确认，计算出应发工资，结果如下图所示。

❹ 使用填充功能得出其余员工的应发工资，结果如下图所示。

2. 计算个人所得税

❶ 计算员工"刘一"的个人所得税数目。在"工资表"工作表中选中 D3 单元格，输入公式"=VLOOKUP(A3, 缴税额表 !$A$3:$B$12,2,0)"，如下图所示。

> **提示** 公式"=VLOOKUP(A3, 缴税额表 !$A$3:$B$12,2,0)"是指在"缴税额表"工作表的 A3:B12 单元格区域中，查找与 A3 单元格相同的值，并返回第 2 列的数据，"0"表示精确查找。

❷ 按【Enter】键，得出员工"刘一"应缴纳的个人所得税数目，结果如右上图所示。

❸ 使用填充功能填充该列其余单元格，计算出其余员工应缴纳的个人所得税数目，结果如下图所示。

7.2.5 计算实发工资

实发工资由基本工资、五险一金扣除、业绩奖金、加班奖励、其他扣除等组成。在"工资表"工作表中计算实发工资的具体操作步骤如下。

❶ 在"工资表"工作表中单击 E3 单元格，输入公式"=C3-D3+ 奖励扣除表 !E3"，按【Enter】键确认，得出员工"刘一"的实发工资数目，结果如下图所示。

❷ 使用填充功能将公式填充到该列其余单元格中，得出其余员工实发工资数目，结果如下图所示。

至此，员工薪资管理系统的制作就完成了。

7.3 其他常用函数实例讲解

本节介绍几种常用函数的使用方法。

7.3.1 使用 IF 函数根据绩效判断应发的奖金

IF 函数是 Excel 中最常用的函数之一。它允许进行逻辑值和内容之间的比较，当比较结果为 TRUE 时，执行某些操作，否则执行其他操作。

IF 函数具体的功能、格式和参数如下表所示。

IF函数	
功能	根据指定的条件来判断其"真"（TRUE）、"假"（FALSE），从而返回相应的内容
格式	IF(logical_test,value_if_true,[value_if_false])
参数	logical_test：必选参数。表示逻辑判断要测试的条件
	value_if_true：必选参数。当判断条件为逻辑"真"（TRUE）时，显示该处给定的内容，如果忽略，返回"TRUE"
	value_if_false：可选参数。当判断条件为逻辑"假"（FALSE）时，显示该处给定的内容，如果忽略，返回"FALSE"

IF 函数可以嵌套 64 层关系式，用参数"value_if_true"和"value_if_false"构造复杂的判断条件进行综合评测。不过，在实际工作中不建议这样做，因为多个 IF 语句需要大量的条件，很难确保逻辑完全正确。

在对员工进行绩效考核评定时，可以根据员工的业绩来分配奖金。例如当业绩大于或等于 10000 元时，给予奖金 2000 元，否则给予奖金 1000 元。使用 IF 函数根据绩效判断应发的奖金的具体操作步骤如下。

❶ 打开"素材 \ch07\ 员工业绩表 .xlsx"文件，在单元格 C2 中输入公式"=IF(B2>=10000, 2000,1000)"，按【Enter】键计算出该员工的奖金数目，结果如下图所示。

❷ 利用填充功能，将公式填充到该列的其他单元格中，计算其他员工的奖金数目，结果如下图所示。

7·3·2 使用 OR 函数根据员工信息判断员工是否退休

OR 函数是较为常用的逻辑函数，OR 表示"或"逻辑关系。当其中一个参数的逻辑值为真时，返回"TRUE"；当所有参数的逻辑值都为假时，返回"FALSE"。

OR 函数具体的功能、格式、参数和说明如下表所示。

OR函数	
功能	如果任何一个参数的逻辑值为TRUE，返回"TRUE"；所有参数的逻辑值为FALSE，返回"FALSE"
格式	OR(logical1, [logical2], …)
参数	logical1, [logical2],…: logical1是必选的，后续参数是可选的。这些参数表示1～255个需要进行测试的条件，测试结果为TRUE或FALSE
说明	参数为逻辑值，如 TRUE 或 FALSE，或者为包含逻辑值的数组或引用。 如果数组或引用参数中包含文本或空白单元格，则这些值将被忽略。 如果指定的区域中不包含逻辑值，返回错误值"#VALUE!"。 可以使用OR数组公式查看数组中是否出现了某个值。若要输入数组公式，需按【Ctrl+Shift+Enter】组合键

例如，对员工信息进行统计记录后，需要根据性别和年龄判断员工退休与否，这里可以使用 OR 函数结合 AND 函数来实现。首先根据相关规定设定退休条件为男员工 60 岁、女员工 55 岁（此处限定为女干部）。

❶ 打开"素材 \ch07\ 员工退休统计表 .xlsx"文件，选择 D2 单元格，在编辑栏中输入公式"=OR(AND(B2=" 男 ",C2>60),AND(B2=" 女 ",C2>55))"，按【Enter】键即可根据该员工的性别和年龄判断其是否退休。如果退休，显示"TRUE"；如果未退休，则显示"FALSE"，得到的结果如下图所示。

❷ 利用填充功能，将公式填充到该列的其他单元格中，判断其他员工是否退休，如下图所示。

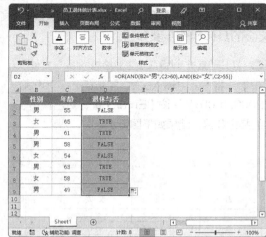

7·3·3 使用 HOUR 函数计算员工当日工资

HOUR 函数用于返回时间值的小时数，具体的功能、格式和参数如下表所示。

HOUR函数	
功能	计算某个时间值或者表示时间的序列编号对应的小时数，该值为0～23的整数（表示一天中的某个小时）
格式	HOUR(serial_number)
参数	serial_number：需要计算小时数的时间。这个参数的数据格式是Excel可以识别的所有时间格式

例如，员工的工时工资是 25 元 / 小时，使用 HOUR 函数计算员工一天的工资（单位：元）的具体操作步骤如下。

❶ 打开"素材 \ch07\ 当日工资表 .xlsx"文件，设置 D2:D7 单元格区域格式为"常规"，在 D2 单元格中输入公式"=HOUR(C2-B2)*25"。按【Enter】键，得出计算结果，如下图所示。

❷ 利用填充功能，完成其他员工一天的工资计算，如下图所示。

 7·3·4 使用 SUMIFS 函数统计一定日期内的销售金额

SUMIF 函数仅用于对满足一个条件的值进行相加操作，而 SUMIFS 函数可以用于计算满足多个条件的全部参数的和。SUMIFS 函数具体的功能、格式和参数如下表所示。

SUMIFS函数	
功能	对一组给定条件的指定的单元格求和
格式	SUMIFS(sum_range, criteria_range1, criteria1, [criteria_range2, criteria2],…)
参数	sum_range：必选参数，表示对一个或多个单元格求和，包括数字或包含数字的名称、名称、单元格区域或单元格引用，空值和文本值将被忽略
	criteria_range1：必选参数，表示在其中计算关联条件的第一个单元格区域
	criteria1：必选参数，表示条件的形式为数字、表达式、单元格引用或文本，可用来定义对criteria_range1参数中的哪些单元格求和
	criteria_range2, criteria2,…：可选参数，附加的单元格区域及其关联条件。最多可以输入 127 个单元格区域或条件对

例如，对单元格区域 A1：A20 中的数值求和，且符合以下条件——B1：B20 单元格区域中的相应数值大于 0 且 C1：C20 单元格区域中的相应数值小于 10，可以采用如下公式。

=SUMIFS(A1：A20,B1：B20,">0",C1：C20,"<10")

如果要在销售统计表中统计一定日期内的销售金额，可以使用 SUMIFS 函数来实现。例如，计算 2023 年 10 月 2 日到 2023 年 10 月 6 日的销售金额的具体操作步骤如下。

❶ 打开"素材 \ch07\ 统计某日期区域的销售金额 .xlsx"文件。选择 B10 单元格，单击【插入函数】按钮 *fx*，如下图所示。

❷ 在弹出的【插入函数】对话框中，单击【或选择类别】下拉列表框右侧的下拉按钮 ✓，在弹出的下拉列表中选择【数学与三角函数】选项，在【选择函数】列表框中选择【SUMIFS】函数，如下图所示，单击【确定】按钮。

❸ 在弹出的【函数参数】对话框中，单击【Sum_range】下拉列表框右侧的 ⬆ 按钮，如右上图所示。

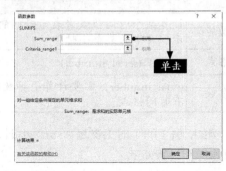

❹ 返回到工作表，选择 E2:E8 单元格区域，单击【函数参数】文本框右侧的 ▦ 按钮，如下图所示。

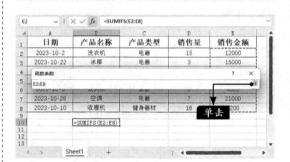

❺ 返回【函数参数】对话框，使用同样的方法设置【Criteria_range1】的数据区域为 A2:A8 单元格区域，如下图所示。

❻ 在【Criteria1】文本框中输入""＞2023-10-1""，即设置区域1（Criteria_range1）的条件参数为""＞2023-10-1""，如下图所示。

❼ 使用同样的方法设置区域2（Criteria_range2）为"A2:A8"、条件参数为""＜2023-10-7""，单击【确定】按钮，如右上图所示。

❽ 返回工作表，可看到2023年10月2日到2023年10月6日的销售金额，编辑栏中显示出计算公式"=SUMIFS(E2:E8,A2:A8,">2023-10-1",A2:A8,"<2023-10-7")"，如下图所示。

7·3·5 使用 PRODUCT 函数计算每种产品的销售额

PRODUCT 函数用来计算数字的乘积，具体的功能、格式和参数如下表所示。

PRODUCT函数	
功能	使所有以参数形式给出的数字相乘并返回乘积
格式	PRODUCT(number1,[number2],…)
参数	number1：必选参数，要相乘的第一个数字或单元格区域
	number2,…：可选参数，要相乘的其他数字或单元格区域，最多可以使用255个参数

例如，如果单元格 A1 和 A2 中包含数字，则可以使用公式"=PRODUCT(A1,A2)"将这两个数字相乘，也可以使用"*"（如"=A1*A2"）执行相同的操作。

当需要使很多单元格中的数值相乘时，PRODUCT 函数很有用。例如，公式"=PRODUCT(A1:A3,C1:C3)"等价于"=A1*A2*A3*C1*C2*C3"。

也可以在乘积后乘上某个数值，如公式"=PRODUCT(A1:A2,2)"等价于"=A1*A2*2"。

例如，一些公司的产品会不定时做促销活动，需要根据产品的单价、数量以及折扣来计算每种产品的销售额，使用 PRODUCT 函数可以实现这一操作。具体操作步骤如下。

❶ 打开"素材 \ch07\ 计算每种产品的销售额 .xlsx"文件，选择单元格 E2，在编辑栏中输入公式"=PRODUCT(B2,C2,D2)"，按【Enter】键，计算出该产品的销售额，如下图所示。

❷ 利用填充功能，完成其他产品销售额的计算，如下图所示。

产品	单价	数量	折扣	销售额
产品A	¥20.00	200	0.8	3200
产品B	¥19.00	150	0.75	2137.5
产品C	¥17.50	340	0.9	5355
产品D	¥21.00	170	0.65	2320.5
产品E	¥15.00	80	0.85	1020

7·3·6 使用 FIND 函数判断商品的类型

FIND 函数是用于查找文本字符串的函数，具体功能、格式、参数和说明如下表所示。

FIND函数	
功能	以字符为单位，查找一个文本字符串在另一个字符串中出现的起始位置编号
格式	FIND(find_text, within_text, start_num)
参数	find_text：必选参数，表示要查找的文本或文本所在的单元格，要查找的文本需要用双引号标注
	within_text：必选参数，表示要查找的文本或文本所在的单元格
	start_num：必选参数，指定开始搜索的字符。如果省略start_num，则其值为1
说明	如果find_text为空文本(" ")，则会匹配搜索字符串中的首字符（即编号为start_num或1的字符）。 find_text不能包含任何通配符。 如果within_text中没有find_text，则返回错误值"#VALUE!"。 如果start_num不大于0，则返回错误值"#VALUE!"。 如果start_num大于within_text的长度，则返回错误值"#VALUE!"

例如，仓库中有两种商品，假设商品编号以 A 开头的为生活用品，以 B 开头的为办公用品。使用 FIND 函数判断商品的类型，商品编号以 A 开头的商品显示为"生活用品"，否则显示为"办公用品"。具体操作步骤如下。

❶ 打开"素材 \ch07\ 判断商品的类型 .xlsx"文件，选择单元格 B2，在其中输入公式"=IF(ISERROR(FIND("A",A2)),IF(ISERROR(FIND("B",A2)),"","办公用品"),"生活用品")"，按【Enter】键，显示该商品的类型，如下页图所示。

B2	$\times$ $\checkmark$ f_x	=IF(ISERROR(FIND("A",A2)),IF(ISERROR(FIND("B", A2)),"","办公用品"),"生活用品")	

	A	B	C	D	E
1	商品编号	商品类型	单价	数量	
2	A0111	生活用品	¥250.00	255	
3	B0152		¥187.00	120	
4	A0128		¥152.00	57	
5	A0159		¥160.00	82	
6	B0371		¥80.00	11	
7	B0453		¥170.00	16	
8	A0478		¥182.00	17	
9					

Sheet1

 利用填充功能，完成其他商品类型的判断，

如下图所示。

B8	$\times$ $\checkmark$ f_x	=IF(ISERROR(FIND("A",A8)),IF(ISERROR(FIND("B", A8)),"","办公用品"),"生活用品")	

	A	B	C	D	E
1	商品编号	商品类型	单价	数量	
2	A0111	生活用品	¥250.00	255	
3	B0152	办公用品	¥187.00	120	
4	A0128	生活用品	¥152.00	57	
5	A0159	生活用品	¥160.00	82	
6	B0371	办公用品	¥80.00	11	
7	B0453	办公用品	¥170.00	16	
8	A0478	生活用品	¥182.00	17	
9					

Sheet1

7·3·7 使用 LOOKUP 函数计算多人的销售业绩总和

LOOKUP 函数可以从单行、单列或一个数组中返回值。LOOKUP 函数有两种语法形式：向量形式和数组形式。这两种语法形式的功能和使用场景如下表所示。

语法形式	功能	使用场景
向量形式	在单行或单列（称为向量）中查找值，并返回第二个单行或单列中相同位置的值	当要查询的数据列表较大或者可能会随时间而改变时，使用向量形式
数组形式	在数组的第一行或第一列中查找指定的值，并返回数组最后一行或最后一列中相同位置的值	当要查询的数据列表较小或者在一段时间内保持不变时，使用数组形式

1. 向量形式

向量是指只包含一行或一列的区域。LOOKUP 函数的向量形式在单行或单列中查找值，并返回第二个单行或单列中相同位置的值。当指定包含要匹配的值的区域时，请使用 LOOKUP 函数的向量形式。LOOKUP 函数的向量形式将自动在第一行或第一列中进行查找。

LOOKUP函数：向量形式	
功能	在单行或单列中查找值，并返回第二个单行或单列中相同位置的值
格式	LOOKUP(lookup_value, lookup_vector, [result_vector])
参数	lookup_value：必选参数，在第一个向量中搜索的值，可以是数字、文本、逻辑值、名称或对值的引用
	lookup_vector：必选参数，只包含一行或一列的区域，可以是文本、数字或逻辑值
	result_vector：可选参数，只包含一行或一列的区域。result_vector的值必须与lookup_vector的值相同
说明	如果找不到lookup_value，则与lookup_vector中小于或等于lookup_value的最大值进行匹配。 如果lookup_value小于lookup_vector中的最小值，则返回错误值"#N/A"

2. 数组形式

LOOKUP 函数的数组形式是在数组的第一行或第一列中查找指定的值，并返回数组最后一行或最后一列中相同位置的值。当要匹配的值位于数组的第一行或第一列时，请使用 LOOKUP 的数组形式。

LOOKUP 函数的数组形式与 HLOOKUP 函数和 VLOOKUP 函数非常相似，区别在于：HLOOKUP 函数在第一行中搜索 lookup_value 的值，VLOOKUP 函数在第一列中搜索，而 LOOKUP 函数根据数组维度进行搜索。一般情况下，建议使用 HLOOKUP 函数或 VLOOKUP 函数，LOOKUP 函数的数组形式是为了与其他电子表格程序兼容而提供的。

LOOKUP函数：数组形式	
功能	在数组的第一行或第一列中查找指定的值，并返回数组最后一行或最后一列中相同位置的值
格式	LOOKUP(lookup_value,array)
参数	lookup_value：必选参数，在数组中搜索的值，可以是数字、文本、逻辑值、名称或对值的引用
	array：必选参数，包含要与lookup_value进行比较的数字、文本或逻辑值的单元格区域
说明	如果数组是宽度比高度大的区域（列数多于行数），则在第一行中搜索lookup_value的值。 如果数组是"正方形"（行数等于列数）或者高度大于宽度（行数多于列数），则在第一列中进行搜索。 使用HLOOKUP函数和VLOOKUP函数时，可以通过索引以向下或遍历的方式进行搜索，但是LOOKUP函数始终选择行或列中的最后一个值

使用 LOOKUP 函数，在选中区域处于升序条件时可查找多个值。使用 LOOKUP 函数计算多人的销售业绩总和的具体操作步骤如下。

❶ 打开 "素材 \ch07\ 销售业绩总和 .xlsx" 文件，选中 A3:A8 单元格区域，单击【数据】选项卡下【排序和筛选】组中的【升序】按钮进行升序排列，如下图所示。

❷ 在弹出的【排序提醒】对话框中，选中【扩展选定区域】单选按钮，单击【排序】按钮，如下图所示。

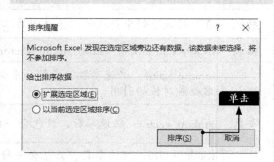

排序结果如下页图所示。

Shift+Enter】组合键计算出结果，如下图所示。

❸　选中单元格 F8，输入公式"=SUM(LOOKUP(E3:E5,A3:C8))"，按【Ctrl+

7·3·8　使用 COUNTIF 函数查询重复的电话记录

COUNTIF 函数是一个统计函数，用于统计满足某个条件的单元格的数量，具体功能、格式及参数如下表所示。

COUNTIF函数	
功能	对区域中满足单个指定条件的单元格进行计数
格式	COUNTIF(range,criteria)
参数	range：必选参数，对其进行计数的一个或多个单元格，其中包括数字或名称、数组或包含数字的引用，空值或文本值将被忽略
	criteria：必选参数，用来确定将对哪些单元格进行计数的条件，可以是数字、表达式、单元格引用或文本字符串

使用 IF 函数和 COUNTIF 函数，可以轻松统计出重复数据，具体操作步骤如下。

❶　打开"素材\ch07\来电记录表 .xlsx"文件，在 D3 单元格中输入公式"=IF((COUNTIF($C$3:$C$10,C3))>1,"重复","")"，按【Enter】键，结果如下图所示。

❷　使用填充功能快速填充单元格区域 D4:D10，最终结果如下图所示。

141

第

8

章

高级分析：数据可视化呈现

本章导读

　　使用图表、数据透视表及数据透视图可以清晰地展示数据的汇总情况，它们对数据的分析、决策起着至关重要的作用。

重点内容

✚ 掌握图表的插入与使用
✚ 掌握创建数据透视表的方法
✚ 掌握创建数据透视图的方法

8.1　制作年度销售情况统计表

年度销售情况统计表主要用于计算公司的年利润。在 Excel 中，创建图表可以帮助用户分析工作表中的数据。本节以制作年度销售情况统计表为例介绍图表的创建方法。

8.1.1　认识图表的构成元素

图表主要由图表区、绘图区、图表标题、数据标签、坐标轴、图例、数据表和背景组成，如下图所示。

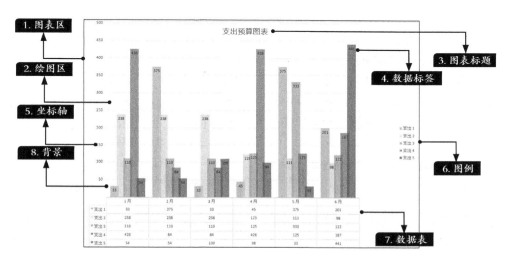

（1）图表区

整个图表以及图表中的数据所在的区域称为图表区。在图表区中，当鼠标指针停留在图表元素上方时，Excel 会显示图表元素的名称，从而方便用户查找。

（2）绘图区

绘图区主要用于显示数据表中的数据，会随着工作表中数据的更新而更新。

（3）图表标题

图表创建完成后，会自动创建用于输入标题的文本框，在文本框中输入标题即可。

（4）数据标签

图表中绘制的相关数据点的数据来自工作表的行和列。如果要快速标识图表中的数据，可以为图表的数据添加数据标签，数据标签中可以显示系列名称、类别名称和百分比等。

（5）坐标轴

默认情况下，Excel 会自动确定坐标轴的刻度值，也可以自定义刻度以满足使用需要。当图表中绘制的坐标轴所用数值涵盖范围较大时，可以将垂直坐标轴的刻度改为对数刻度。

（6）图例

图例用方框表示，用于标识图表中的数据系列的颜色或图案。创建图表后，图例以默认的颜色来显示图表中的数据系列。

（7）数据表

数据表是反映图表源数据的表格，默认的图表一般不显示数据表。单击【图表工具 – 图表设计】选项卡下【图表布局】组中的【添加图表元素】按钮，在弹出的下拉列表中选择【数据表】选项，在子列表中选择相应的选项即可显示数据表。

（8）背景

背景主要用于衬托图表，使图表更加美观。

𝟴.𝟭.𝟮 创建图表的 3 种方法

创建图表的方法有 3 种，分别是使用快捷键创建图表、使用功能区创建图表和使用图表向导创建图表。

1. 使用快捷键创建图表

按【Alt+F1】组合键或者按【F11】键可以快速创建图表。按【Alt+F1】组合键可以创建嵌入式图表；按【F11】键可以创建工作表图表。使用快捷键创建图表的具体操作步骤如下。

❶ 打开"素材 \ch08\ 年度销售情况统计表 .xlsx"文件，如下图所示。

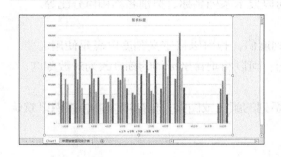

❷ 选择 A2:M7 单元格区域，按【F11】键，即可根据所选区域的数据创建一个名为"Chart1"的图表，如下图所示。

2. 使用功能区创建图表

使用功能区创建图表的具体操作步骤如下。

❶ 打开素材文件，选择 A2:M7 单元格区域，单击【插入】选项卡下【图表】组中的【插入柱形图或条形图】按钮，在弹出的下拉列表中选择【二维柱形图】区域内的【簇状柱形图】选项，如下图所示。

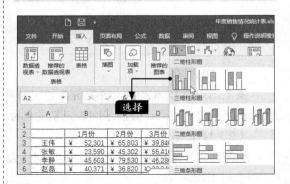

❷ 在该工作表中创建一个柱形图表，如下图所示，然后将其移动到合适位置。

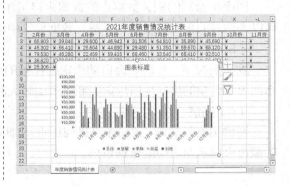

3. 使用图表向导创建图表

也可以使用图表向导创建图表，具体操作步骤如下。

❶ 打开素材文件，单击【插入】选项卡下【图表】组中的【查看所有图表】按钮，打开【插入图表】对话框，默认显示【推荐的图表】选项卡，选择【簇状柱形图】选项，单击【确定】按钮，如下图所示。

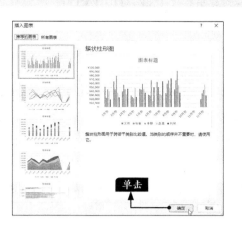

❷ 调整图表的位置，完成图表的创建，如下图所示。

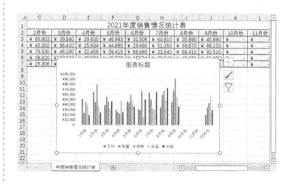

8.1.3 编辑图表

如果对创建的图表不满意，可以对图表进行相应的修改。本小节介绍编辑图表的方法。

❶ 打开"素材\ch08\年度销售情况统计表.xlsx"文件，选择 A2:M7 单元格区域，并创建柱形图，如下图所示。

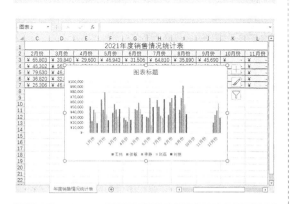

❷ 将鼠标指针移至图表的控制点上，鼠标指针变为 形状，如右上图所示。

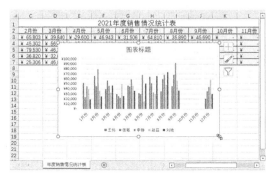

❸ 按住鼠标左键并拖曳，可对图表的大小进行调整，接着再调整图表的位置，效果如下页图所示。

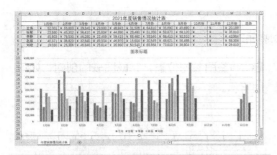

❹ 选中图表，在【图表工具－图表设计】选项卡中，单击【图表布局】组中的【添加图表元素】按钮，在弹出的下拉列表中选择【网格线】→【主轴主要垂直网格线】选项，如下图所示。

❺ 在图表中插入网格线后，在"图表标题"文本框处将标题修改为"2021年年度销售情

况统计图表"，如下图所示。

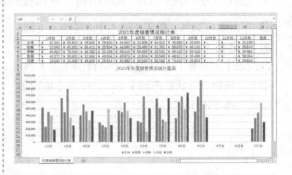

❻ 选择要添加数据标签的分类，如选择"王伟"柱体，单击【图表工具－图表设计】选项卡下【图表布局】组中的【添加图表元素】按钮，在弹出的下拉列表中选择【数据标签】→【数据标签外】选项，如下图所示。

为图表添加数据标签后的效果如下图所示。

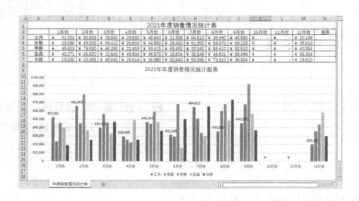

8.1.4 美化图表

创建图表后，系统会根据创建的图表提供多种图表样式，以美化图表。

❶ 选中图表，在【图标工具－图表设计】选项卡下，单击【图表样式】组中的【其他】按钮，在弹出的图表样式中任意选择一个样式，如这里选择【样式 8】选项，如下图所示。

应用图表样式后的效果如下图所示。

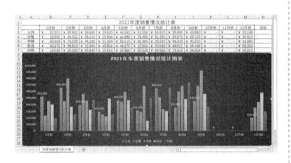

❷ 单击【更改颜色】按钮，为图表应用不同的颜色，如下图所示。

修改后的图表如下图所示。

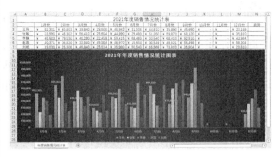

8.1.5　添加趋势线

在图表中，趋势线可以展现数据的变化趋势。在特定情况下，可以通过趋势线预测出其他的数据。

❶ 右击要添加趋势线的柱体，如选择"王伟"柱体，在弹出的快捷菜单中选择【添加趋势线】命令，如下图所示。

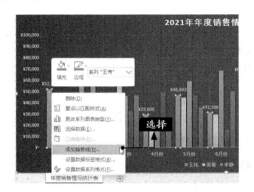

❷ 系统自动添加趋势线，并显示【设置趋势线格式】窗格，在【填充与线条】选项卡下将【短划线类型】设置为【实线】，如下图所示。

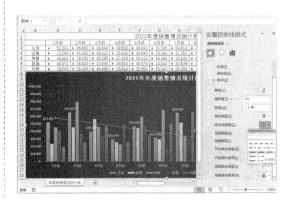

"王伟"柱体的趋势线添加完成，如下图所示。

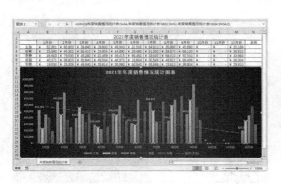

❸ 使用同样的方法，为其他柱体添加趋势线，最后得到的效果如下图所示。

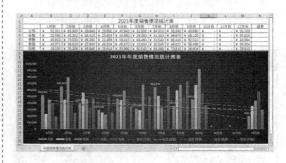

8.1.6 创建和编辑迷你图

迷你图是一种小型图表，可以放在工作表内的单个单元格中。由于其尺寸已经过压缩，因此迷你图能够以简明且直观的方式显示大量数据所反映出的信息。使用迷你图可以显示一系列数值的趋势，如季节性的数据增长或降低、经济周期或突出显示最大值和最小值等。将迷你图放在它所表示的数据附近时效果会更加明显。

1. 创建迷你图

在单元格中创建折线迷你图的具体操作步骤如下。

❶ 在打开的素材文件中选择 N3 单元格，单击【插入】选项卡下【迷你图】组中的【折线】按钮，弹出【创建迷你图】对话框，在【数据范围】文本框中设置引用数据的单元格范围，在【位置范围】文本框中设置插入折线迷你图的单元格，然后单击【确定】按钮，如下图所示。

创建的折线迷你图如下图所示。

❷ 使用同样的方法，创建其他员工的折线迷你图，如下图所示。另外，也可以把鼠标指针放在创建好折线迷你图的单元格右下角，待鼠标指针变为➕形状时，拖曳创建其他员工的折线迷你图。

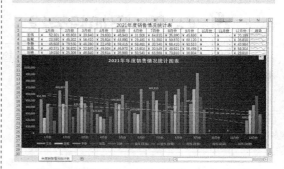

> **提示** 如果使用的是填充方式创建迷你图，修改其中一个迷你图时，其他迷你图也会随之发生改变。

2. 编辑迷你图

创建迷你图后还可以对迷你图进行编辑，具体操作步骤如下。

❶ 更改迷你图类型。选中本小节创建的迷你图，单击【迷你图】选项卡下【类型】组中的

【柱形】按钮，将迷你图更改为柱形迷你图，如下图所示。

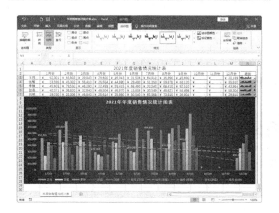

❷ 突出显示迷你图。选中插入的迷你图，在【迷你图】选项卡下的【显示】组中选中要突出显示的点，如勾选【高点】复选框，则以红色突

出显示迷你图的最高点，如下图所示。

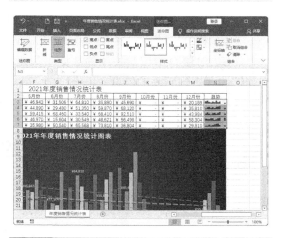

提示 也可以单击【标记颜色】按钮，在弹出的下拉列表中设置标记点的颜色。

8.2 制作销售业绩透视表

在 Excel 中，使用数据透视表可以深入分析数值数据。创建数据透视表以后，可以对它进行编辑，包括修改布局、添加或删除字段、格式化表中的数据，以及对透视表进行复制和删除等操作。本节以制作销售业绩透视表为例介绍透视表的相关操作。

8.2.1 认识数据透视表

数据透视表是一种能够对大量数据进行快速汇总和建立交叉列表的交互式动态表格，能帮助用户分析、组织既有数据，是 Excel 中的数据分析利器，如下图所示。

数据透视表的主要功能是根据大量数据生成动态的数据报告、对数据进行分类汇总和聚合、帮助用户分析和组织数据等。具体的介绍如下。

（1）可以使用多种方式查询大量数据。

（2）按分类和子分类对数据进行分类汇总和计算。

（3）展开或折叠要关注结果的数据级别，查看部分区域汇总数据的明细。

（4）将行移动到列或将列移动到行，以查看不同汇总方式的源数据。

（5）对最有用和最关注的数据子集进行筛选、排序、分组和有条件地设置格式，使用户能够快速查到所需的信息。

（6）提供简明、有吸引力并且带有批注的联机报表或打印报表。

8.2.2 数据透视表的组成结构

对任何一个数据透视表来说，都可以将其整体结构划分为四大区域，分别是行区域、列区域、值区域和筛选器，如下图所示。

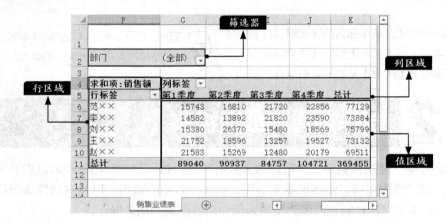

（1）行区域

行区域位于数据透视表的左侧，它是拥有行方向的字段，此字段中的每项单独占据一行。如上图中，"范××""李××"等位于行区域。通常在行区域中放置可用于进行分组或分类的内容，如产品、名称和地点等。

（2）列区域

列区域位于数据透视表的上方，它是拥有列方向的字段，此字段中的每项单独占据一列。如上图中，第1季度至第4季度的项（元素）水平放置在列区域，从而形成透视表中的列字段。可以放在列区域的字段通常是显示趋势的日期时间字段类型，如月份、季度、年份、周期等，此外也可以存放分组或分类的字段。

（3）值区域

在数据透视表中，包含数值的大面积区域就是值区域。值区域中的数据是对数据透视表中行字段和列字段数据的计算和汇总，该区域中的数据一般都是可以进行运算的。默认情况下，Excel会对值区域中的数值型数据进行求和、对文本型数据进行计数。

（4）筛选器

筛选器位于数据透视表的最上方，由一个或多个下拉列表组成，通过选择下拉列表中的选项，可以对数据透视表中的数据进行筛选。

8.2.3 创建数据透视表

创建数据透视表的具体操作步骤如下。

❶ 打开"素材 \ch08\ 销售业绩透视表 .xlsx" 文件，单击【插入】选项卡下【表格】组中的【数据透视表】按钮，如下图所示。

❷ 弹出【来自表格或区域的数据透视表】对话框，在【表/区域】文本框中设置数据透视表的数据源，单击文本框右侧的 按钮，如下图所示。

❸ 选中 A2:D22 单元格区域，单击 按钮，如下图所示。

❹ 返回【来自表格或区域的数据透视表】对话框，在【选择放置数据透视表的位置】区域选中【现有工作表】单选按钮，并选择一个单元格，单击【确定】按钮，如下图所示。

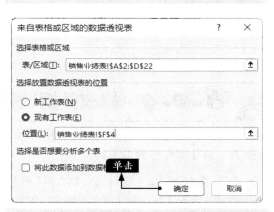

❺ 弹出数据透视表的编辑界面，工作表中会出现数据透视表，右侧是【数据透视表字段】窗格。在【数据透视表字段】窗格中选中要添加到数据透视表中的字段，完成数据透视表的创建。此外，功能区还会出现【数据透视表工具－数据透视表分析】和【数据透视表工具－设计】两个选项卡，如下图所示。

❻ 将【销售额】拖曳到【值】区域中，将【季度】拖曳至【列】区域中，将【姓名】拖曳至【行】区域中，将【部门】拖曳至【筛选】区域中，

如下图所示。

创建的数据透视表如下图所示。

8.2.4 修改数据透视表

创建数据透视表后可以让透视表的行和列互换，从而修改数据透视表的布局，重组数据透视表，具体操作步骤如下。

❶ 打开【数据透视表字段】窗格，将右侧【列】区域中的【季度】拖曳到【行】区域中，如下图所示。

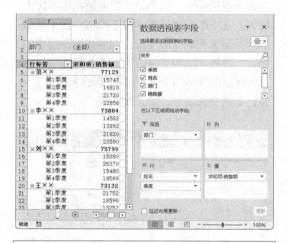

> **提示** 如果【数据透视表字段】窗格关闭，可单击【数据透视表工具－数据透视表分析】选项卡下【显示】组中的【字段列表】按钮，打开该窗格。

此时左侧的数据透视表如右上图所示。

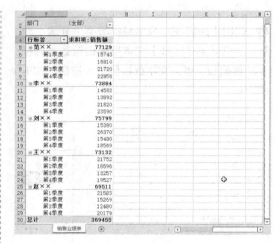

❷ 将【姓名】拖曳到【列】区域中，此时左侧的透视表如下图所示。

8.2.5 设置数据透视表选项

选中创建的数据透视表，Excel 将自动激活【数据透视表工具－数据透视表分析】选项卡，用户可以在该选项卡中设置数据透视表选项，具体操作步骤如下。

❶ 接 8.2.4 小节的操作，单击【数据透视表工具－数据透视表分析】选项卡下【数据透视表】组中的【选项】下拉按钮 选项 ，在弹出的下拉列表中选择【选项】选项，如下图所示。

❷ 弹出【数据透视表选项】对话框，在该对话框中可以设置数据透视表的布局和格式、汇总和筛选、显示等。设置完成后，单击【确定】

按钮，如下图所示。

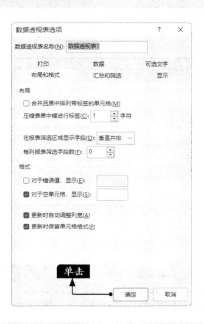

8.2.6 改变数据透视表的布局

改变数据透视表的布局包括设置分类汇总、总计、报表布局和空行等，具体操作步骤如下。

选中创建的数据透视表，单击【设计】选项卡下【布局】组中的【报表布局】按钮 ，在弹出的下拉列表中选择【以表格形式显示】选项，如下图所示。

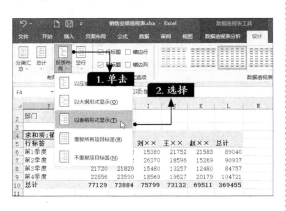

数据透视表以表格形式显示，效果如下图所示。

> **提示** 此外，还可以在下拉列表中选择【以压缩形式显示】、【以大纲形式显示】、【重复所有项目标签】和【不重复项目标签】等选项。

8.2.7 设置数据透视表的样式

创建数据透视表后，还可以对其样式进行设置，使数据透视表更加美观。

接 8.2.6 小节的操作，选中透视表区域，单击【数据透视表工具 – 设计】选项卡下【数据透视表样式】组中的【其他】按钮 ，在弹出的下拉列表中选择一种样式，如下图所示。

更改样式后的数据透视表如下图所示。

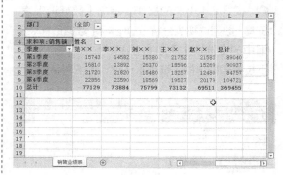

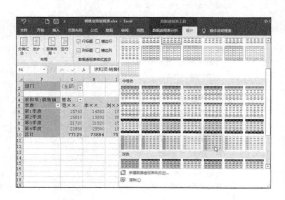

8.2.8 数据透视表中的数据操作

修改数据源中的数据时，数据透视表不会自动更新，需要执行数据操作才能刷新数据透视表。刷新数据透视表有两种方法。

（1）单击【数据透视表工具 – 数据透视表分析】选项卡下【数据】组中的【刷新】按钮 ，或单击【刷新】下拉按钮后在弹出的下拉列表中选择【刷新】或【全部刷新】选项，如下图所示。

（2）在数据透视表值区域中的任意一个单元格上右击，在弹出的快捷菜单中选择【刷新】命令，如下图所示。

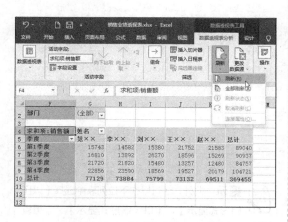

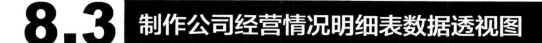

8.3　制作公司经营情况明细表数据透视图

公司经营情况明细表主要用于列举公司的经营情况明细。数据透视图可以帮助用户分析工作表中的数据，让公司领导对公司的经营、收支情况一目了然，大大减少查看表格的时间。本节以制作公司经营情况明细表数据透视图为例介绍数据透视图的使用方法。

8.3.1　数据透视图与标准图表之间的区别

数据透视图是数据透视表中的数据的图形表示形式。与数据透视表一样，数据透视图也是交互式的。对与数据透视图相关联的数据透视表中的任何字段进行的更改都将立即在数据透视图中反映出来。数据透视图中的大多数操作和标准图表中的一样，但是二者间存在以下差别，标准图表和数据透视图如下图所示。

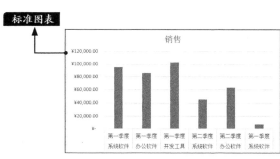
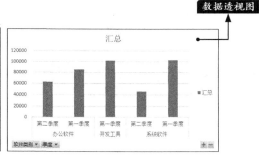

（1）可交互。对于标准图表，需要为查看的每个数据视图创建一个图表，它们不具有交互性。对于数据透视图，只需要创建单个图表就可通过更改报表布局或显示的明细数据以不同的方式交互查看数据。

（2）源数据。标准图表直接链接到工作表单元格中，数据透视图基于相关联的数据透视表中的几种不同数据类型创建。

（3）图表元素。标准图表中的分类、系列和数据分别对应数据透视图中的分类字段、系列字段和值字段，而这些字段中都包含项，这些项在标准图表中显示为图例中的分类标签或系列名称。数据透视图除包含与标准图表相同的元素外，还包括字段和项，可以添加、旋转或删除字段和项来显示数据的不同视图。数据透视图中还可包含报表筛选。

（4）图表类型。标准图表的默认图表类型为簇状柱形图，它按分类比较值。数据透视图的默认图表类型为堆积柱形图，它比较各个值在整个分类总计中所占的比例。用户也可以将数据透视图类型更改为柱形图、折线图、饼图、条形图、面积图和雷达图等。

（5）格式。标准图表只要应用了格式，这些格式就不会消失。刷新数据透视图时，会保留大多数格式（包括元素、布局和样式），但是不保留趋势线、数据标签、误差线及对数据系列的其他更改。

（6）移动或调整项的大小。在标准图表中，可移动元素和重新调整元素的大小。但在数据透视图中，即使可为图例选择一个预设位置并更改标题的字体大小，也无法移动或缩放绘图区、图例、图表标题和坐标轴标题。

（7）图表位置。默认情况下，标准图表是嵌入在工作表中的，而数据透视图是创建在工作表上的。

8.3.2 创建数据透视图

在工作簿中，用户可以使用两种方法创建数据透视图：一种是直接通过工作表中的数据区域创建，另一种是通过已有的数据透视表创建。

1. 通过数据区域创建

在工作表中，通过数据区域创建数据透视图的具体操作步骤如下。

❶ 打开"素材\ch08\公司经营情况明细表.xlsx"文件，选中数据区域中的一个单元格，单击【插入】选项卡下【图表】组中的【数据透视图】下拉按钮 ，在弹出下拉列表中选择【数据透视图】选项，如下图所示。

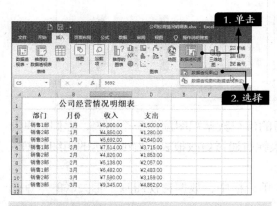

❷ 弹出【创建数据透视图】对话框，选择数据区域和要放置数据透视图的位置，单击【确定】按钮，如下图所示。

❸ 弹出数据透视表的编辑界面，工作表中会出现数据透视表和数据透视图，右侧是【数据透视图字段】窗格，如下图所示。

❹ 在【数据透视图字段】窗格中选择要添加到数据透视图的字段，完成数据透视图的创建，如下图所示。

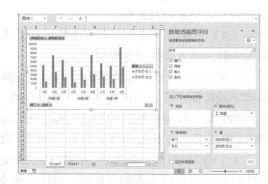

2. 通过数据透视表创建

在工作簿中，用户可以先创建数据透视表，再通过数据透视表创建数据透视图，具体操作步骤如下。

❶ 打开"素材\ch08\公司经营情况明细表.xlsx"文件，并创建一个数据透视表，如下页图所示。

❷ 单击【数据透视表工具 -数据透视表分析】选项卡下【工具】组中的【数据透视图】按钮，如下图所示。

❸ 弹出【插入图表】对话框，在其中选择一种图表类型，单击【确定】按钮，如下图所示。

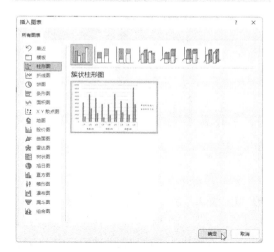

完成数据透视图的创建，效果如下图所示。

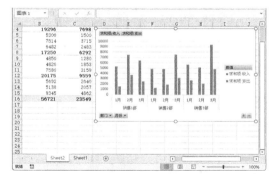

8.3.3　美化数据透视图

数据透视图和标准图表一样，都可以进行美化，如添加图表元素、更改颜色及应用图表样式等。

❶ 添加标题。单击【数据透视图工具 -设计】选项卡下【图表布局】组中的【添加图表元素】按钮，在弹出的下拉列表中选择【图表标题】→【图表上方】选项，如右图所示。

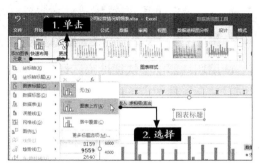

❷ 输入标题文本，如下图所示，另外也可以为文本设置艺术字样式。

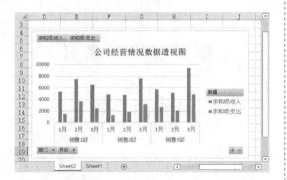

❸ 更改图表颜色。单击【数据透视图工具－设计】选项卡下【图表样式】组中的【更改颜色】按钮，在弹出的下拉列表中选择要应用的颜色，如下图所示。

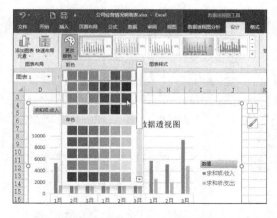

更改图表的颜色，如右上图所示。

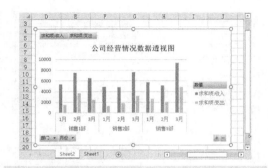

❹ 更改图表样式。单击【数据透视图工具－设计】选项卡下【图表样式】组中的【其他】按钮，在弹出的下拉列表中选择一种样式，如下图所示。

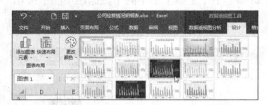

应用了新样式的数据透视图如下图所示。

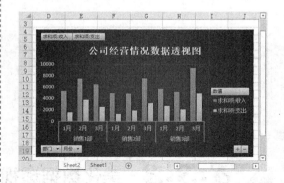

8.4 为产品销售透视表添加切片器

使用切片器能够快捷地筛选标准图表、数据透视表、数据透视图和多维数据集函数中的数据。

8.4.1 创建切片器

创建切片器的具体操作步骤如下。

❶ 打开"素材 \ch08\ 产品销售透视表 .xlsx"
文件，选中数据区域中的任意一个单元格，单
击【插入】选项卡下【筛选器】组中的【切片器】
按钮，如下图所示。

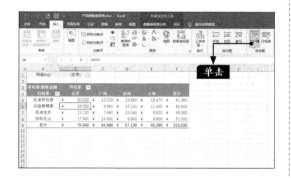

❷ 弹出【插入切片器】对话框，勾选【地区】
复选框，单击【确定】按钮，如下图所示。

❸ 插入【地区】切片器，将鼠标指针放置在

切片器上，按住鼠标左键并拖曳，改变切片器
的位置，如下图所示。

❹ 在【地区】切片器中选择【广州】选项，
则透视表中仅显示广州地区各类茶叶的销售金
额，如下图所示。

📝 **提示** 单击【地区】切片器右上角的【清除筛
选器】按钮 或按【Alt+C】组合键，将清除
地区筛选，数据透视表会显示所有地区的销售金额。

8.4.2 删除切片器

在 Excel 中，有以下两种方法删除切片器。

1. 按【Delete】键

选中要删除的切片器，按【Delete】键，
可将切片器删除。

2. 使用【删除】命令

选中要删除的切片器（如【地区】切片器）
并单击鼠标右键，在弹出的快捷菜单中选择
【删除"地区"】命令，可将【地区】切片
器删除，如右图所示。

8.4.3 隐藏切片器

如果添加的切片器较多，可以将暂时不使用的切片器隐藏起来，等到使用时再显示，具体操作步骤如下。

❶ 选中要隐藏的切片器，单击【切片器】选项卡下【排列】组中的【选择窗格】按钮 选择窗格，如下图所示。

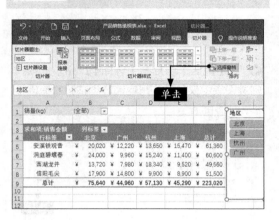

❷ 打开【选择】窗格，单击切片器名称后的 按钮，隐藏切片器，此时该按钮显示为 ，单击 按钮可取消隐藏。此外，单击【全部隐藏】和【全部显示】按钮可隐藏和显示所有切片器，如下图所示。

8.4.4 设置切片器的样式

用户可以根据需要使用内置的切片器样式，美化切片器，具体操作步骤如下。

❶ 选择切片器，单击【切片器】选项卡下【切片器样式】组中的【其他】按钮 ，在弹出的样式下拉列表中可看到内置的切片器样式，如下图所示。

❷ 选择一种切片器样式进行应用，效果如下图所示。

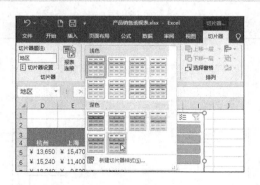

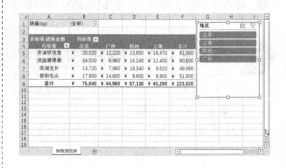

8.4.5 筛选多个项目

使用切片器不仅能筛选单个项目，还可以筛选多个项目，具体操作步骤如下。

❶ 选中透视表数据区域中的任意一个单元格，单击【插入】选项卡下【筛选器】组中的【切片器】按钮，如下图所示。

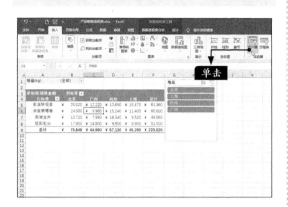

❷ 弹出【插入切片器】对话框，勾选【茶叶名称】复选框，单击【确定】按钮，如下图所示。

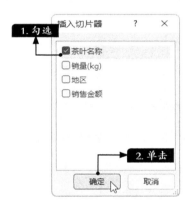

❸ 插入【茶叶名称】切片器，调整切片器的位置，如下图所示。

❹ 在【地区】切片器中选择【广州】选项，在【茶叶名称】切片器中选择【信阳毛尖】选项，按住【Ctrl】键再选择【安溪铁观音】选项，数据透视表中仅显示广州地区信阳毛尖和安溪铁观音的销售金额，如下图所示。

 ## 8.4.6 自定义排序切片器项目

用户可以对切片器中的项目进行自定义排序，具体操作步骤如下。

❶ 清除【地区】和【茶叶名称】的筛选，选中【地区】切片器，如右图所示。

❷ 选择【文件】选项卡下的【选项】选项，打开【Excel 选项】对话框，单击【高级】选项卡，在右侧的【常规】区域中单击【编辑自定义列表】按钮，如下图所示。

❸ 弹出【自定义序列】对话框，在【输入序列】文本框中输入自定义序列，输入完成后单击【添加】按钮，然后单击【确定】按钮，如下图所示。

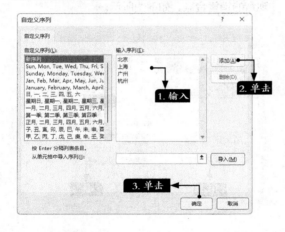

❹ 返回【Excel 选项】对话框，单击【确定】按钮。在【地区】切片器上单击鼠标右键，在弹出的快捷菜单中选择【降序】命令，如下图所示。

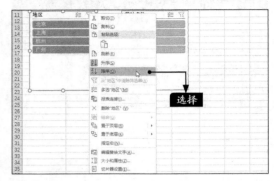

切片器项目按照自定义的序列降序显示，如下图所示。

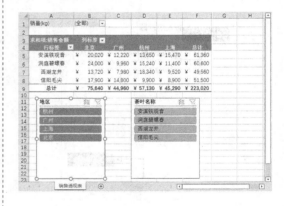

第 3 篇
PPT 文稿设计

第**9**章

演示基础：图文并茂的演示文稿

本章导读

用 PowerPoint 制作幻灯片，可以使演示文稿有声有色、图文并茂。此外，对文字与图片进行适当的编辑可以突出报告的重点内容，使观者能够快速浏览报告，发现演示文稿的优点与不足，从而提高工作效率。

重点内容

+ 掌握创建演示文稿的方法
+ 掌握添加和编辑文本的方法
+ 掌握创建表格和插入图片的方法
+ 掌握图形的插入与编辑方法

9.1 制作销售策划演示文稿

销售策划演示文稿主要用于展示公司的销售策划方案。在 PowerPoint 中，可以使用多种方法创建演示文稿，还可以修改幻灯片的主题并编辑幻灯片的母版等。

本节以制作销售策划演示文稿为例，介绍基本幻灯片的制作方法。

9.1.1 创建演示文稿

在 PowerPoint 中，既可以创建空白演示文稿，也可以使用联机模板创建演示文稿。

1. 创建空白演示文稿

创建空白演示文稿的具体操作步骤如下。

启动 PowerPoint，弹出 PowerPoint 开始界面，单击【空白演示文稿】选项，如下图所示。

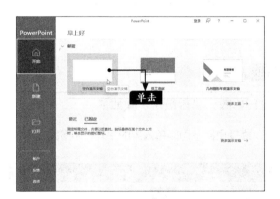

新建的空白演示文稿如下图所示。

2. 使用联机模板创建演示文稿

PowerPoint 内置了大量的联机模板，可在设计不同类别的演示文稿时选择使用，既美观漂亮，又能节省大量时间。使用联机模板创建演示文稿的具体操作步骤如下。

❶ 在【文件】选项卡下选择【新建】选项，右侧的【新建】区域显示了很多种 PowerPoint 联机模板，如下图所示。

❷ 在【搜索联机模板和主题】文本框中输入联机模板或主题名称，单击【开始搜索】按钮，如下图所示。

❸ 选择要应用的模板，如下页图所示。

④ 在模板预览界面左侧的预览框中可预览其效果，单击【创建】按钮，如下图所示。

使用联机模板创建演示文稿的效果如下图所示。

提示 也可以从网络中下载模板或者使用本书赠送资源中的模板创建演示文稿。

9.1.2 修改幻灯片的主题

创建演示文稿后，用户可以对幻灯片的主题进行修改，具体操作步骤如下。

❶ 使用模板创建演示文稿后，单击【设计】选项卡下【主题】组中的【其他】按钮，在弹出的下拉列表中，可以对幻灯片的主题进行修改，如下图所示。

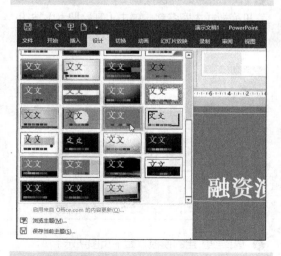

❷ 在【设计】选项卡下的【变体】组中，可

以直接更换不同颜色效果的主题，如下图所示。

❸ 也可以单击【变体】组中的【其他】按钮，在弹出的下拉列表中选择【颜色】→【中性】选项，如下页图所示。

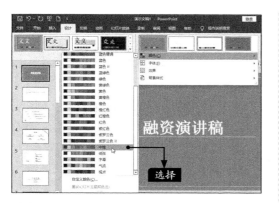

式5】选项，如下图所示。

❹ 再次单击【变体】组中的【其他】按钮，在弹出的下拉列表中选择【背景样式】→【样

9.1.3 编辑母版

在幻灯片母版视图下可以为整个演示文稿设置相同的颜色、字体、背景和效果等，具体操作步骤如下。

❶ 接9.1.2小节的操作，单击【视图】选项卡下【母版视图】组中的【幻灯片母版】按钮，如下图所示。

打开的【幻灯片母版】选项卡如下图所示。

❷ 左侧缩略图窗格中，第 1 张幻灯片为基础

幻灯片母版，选择该幻灯片中的文本占位符，如下图所示。

❸ 单击【开始】选项卡下【字体】组中字体框右侧的下拉按钮，在弹出的下拉列表中选择要应用的字体，如下图所示。

❹ 设置字体的大小等，效果如下图所示。

❺ 另外，也可以删除多余的文本占位符，这里删除页脚的文本占位符，删除后的效果如下图所示。

❻ 选中标题幻灯片，设置其字体效果，完成后，单击【幻灯片母版】选项卡下【关闭】组中的【关

闭母版视图】按钮，如下图所示。

❼ 返回普通视图，效果如下图所示。

9.1.4 保存演示文稿

编辑完成后，需要将演示文稿保存起来，以便以后使用，具体操作步骤如下。

❶ 单击快速访问工具栏上的【保存】按钮，或打开【文件】选项卡，在打开的列表中选择【另存为】选项，在右侧的【另存为】区域中单击【浏览】选项，如下图所示。

❷ 在弹出的【另存为】对话框中，选择演示文稿的保存位置，在【文件名】文本框中输入演示文稿的名称，单击【保存】按钮，如下图所示。

提示 如果需要为当前演示文稿重命名、更换保存位置或改变演示文稿类型，可以打开【文件】选项卡，选择左侧的【另存为】选项，在【另存为】区域中单击【浏览】选项，在弹出的【另存为】对话框中设置演示文稿的保存位置、文件名或保存类型后单击【保存】按钮。

9.2 制作岗位竞聘报告演示文稿

岗位竞聘一般也称竞聘演讲，即竞聘者在竞聘会议上向与会者阐述自己的基本情况、竞争优势及对竞聘岗位的认识等。

9.2.1 制作幻灯片首页

制作岗位竞聘报告演示文稿时，首先要制作的是幻灯片首页，具体操作步骤如下。

❶ 打开 PowerPoint，新建一个演示文稿。单击【设计】选项卡下【主题】组中的【其他】按钮▽，弹出主题下拉列表，如下图所示。

❷ 这里选择【剪切】主题作为幻灯片的主题，如下图所示。

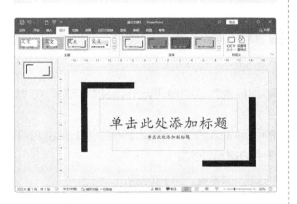

❸ 选中幻灯片中的文本占位符，将文本内容修改为幻灯片标题"岗位竞聘报告"，在【开始】选项卡下的【字体】组中设置标题文本的字体为【华文楷体】、字号为【72】，并调整标题文本框的位置，如下图所示。

❹ 重复上面的操作步骤，在副标题文本框中输入副标题文本，并设置文本格式，调整文本框的位置，如下图所示。

9.2.2 新建幻灯片

幻灯片首页制作完成后，需要新建幻灯片以承载岗位竞聘报告的主要内容，具体操作步骤如下。

❶ 单击【开始】选项卡下【幻灯片】组中的【新建幻灯片】下拉按钮，在弹出的下拉列表中选择【标题和内容】选项，如下图所示。

新建的幻灯片会显示在左侧的【幻灯片】窗格中，如下图所示。

❷ 在【幻灯片】窗格空白处单击鼠标右键，在弹出的快捷菜单中选择【新建幻灯片】命令，可快速新建幻灯片，如下图所示。

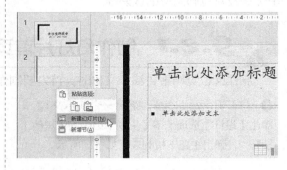

新建幻灯片的效果如下图所示。

9.2.3 添加和编辑内容页文本

1. 输入文本

在普通视图中，幻灯片中会出现"单击此处添加标题"或"单击此处添加副标题"等提示文本框。这种文本框统称为"文本占位符"。

在文本占位符中输入文本是最基本、最方便的一种输入方式。在文本占位符上单击即可输入文本，同时输入的文本会自动替换文本占位符中的提示性文字。

❶ 选中"标题和内容"幻灯片，单击"单击此处添加标题"文本框，如下页图所示。

❷ 在标题文本框中输入标题"个人资料"，如下图所示。

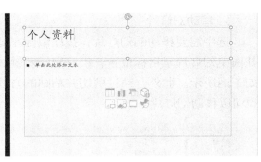

> **提示**　另外，也可以单击【插入】选项卡下【文本】组中的【文本框】按钮，添加文本框以输入文本内容。

❸ 在"单击此处添加文本"文本框上单击，直接输入文字，例如将"素材\ch09\竞聘报告.txt"中的内容复制到此处，如下图所示。

个人资料

我叫小小，女，25岁，毕业于华中师范大学的经济与工商管理学院，2017年参加工作，有4年的市场工作经验。
职业技能：市场营销及渠道拓展
联系方式：135-AABB-CCDD
电子邮箱：××××@163.com
通讯地址：武汉市洪山区××路25号

❹ 使用同样的方法，将"素材\ch09\竞聘报告.txt"中的其他内容复制到新建的幻灯片中，如右上图所示。

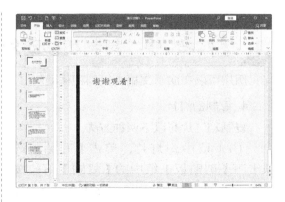

2. 选择文本

如果要更改文本或者设置文本的字体样式，可以先选择文本。将鼠标指针定位至要选择的文本的起始位置，按住鼠标左键并拖曳到结束设置，释放鼠标左键即可选择文本，如下图所示。

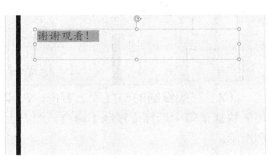

3. 移动文本

PowerPoint 中的文本都是在文本占位符或者文本框中显示的，可以根据需要移动文本。选中要移动的文本的文本占位符或文本框，按住鼠标左键并拖曳至合适位置，释放鼠标左键，可完成移动文本的操作，如下图所示。

171

9.2.4 复制和移动幻灯片

用户可以在演示文稿中复制和移动幻灯片，具体操作步骤如下。

1. 复制幻灯片

复制幻灯片有以下两种方法。

（1）选中幻灯片，单击【开始】选项卡下【剪贴板】组中的【复制】下拉按钮，在弹出的下拉列表中选择第 1 个【复制】选项，如下图所示。

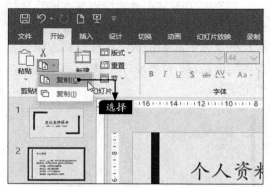

（2）在要复制的幻灯片上右击，在弹出的快捷菜单中选择【复制】命令，如右上图所示。

2. 移动幻灯片

选中需要移动的幻灯片，按住鼠标左键并拖曳幻灯片至目标位置，松开鼠标左键，如下图所示。此外，通过剪切并粘贴的方式也可以移动幻灯片。

9.2.5 设置字体格式和段落格式

本小节主要介绍字体格式和段落格式的设置方法。

1. 设置字体格式

用户可以根据需要设置字体的格式，具体操作步骤如下。

❶ 选中第 7 张幻灯片中要设置字体格式的文本，如下图所示。

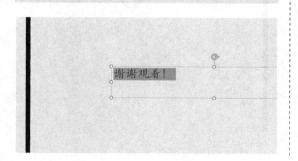

❷ 在【开始】选项卡下的【字体】组中，将文本的字体设置为【华文楷体】，将字号设置为【88】，效果如下图所示。

❸ 选中文本，单击【绘图工具-形状格式】选项卡下【艺术字样式】组中的【其他】按钮 ⎯，在弹出的下拉列表中选择要应用的艺术字样式，如下图所示。

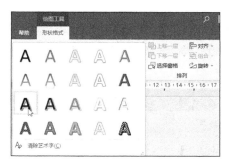

应用了艺术字样式的文本如下图所示。

2. 设置段落格式

段落格式主要包括缩进、间距与行距等。对段落格式的设置主要是通过【开始】选项卡【段落】组中的各个按钮来实现的。

❶ 选中第 2 张幻灯片，选择要设置格式的段落，设置其字体为【华文楷体】、字号为【28】，然后单击【开始】选项卡【段落】组中右下角的【段落】按钮 ⎯，如下图所示。

❷ 在弹出的【段落】对话框的【缩进和间距】选项卡中，设置首行缩进为【2 厘米】、【行距】为【多倍行距】、【设置值】为【1.4】，单击【确定】按钮，如下图所示。

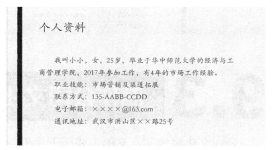

设置后的效果如下图所示。

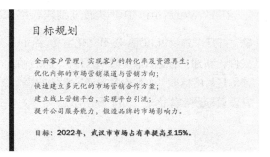

❸ 使用同样的方法，设置其他幻灯片的段落格式，如为其设置首行缩进、段间距及居中方式等，结果如下图所示。

9.2.6 添加项目编号

在 PowerPoint 中，项目编号可以表示大量文本的顺序或用于表示流程。添加项目符号或编号也是美化幻灯片的一个重要手段，精美的项目符号、统一的编号样式可以使单调的文本内容显得更生动、专业。

❶ 选择第 3 张幻灯片中需要添加项目编号的文本，单击【开始】选项卡下【段落】组中的【编号】下拉按钮 ⬛▾，在弹出的下拉列表中选择项目编号，如下图所示。

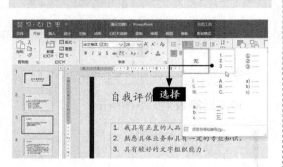

❷ 添加项目编号后的效果如下图所示。使用同样的方法为其他幻灯片添加编号，保存演示文稿。

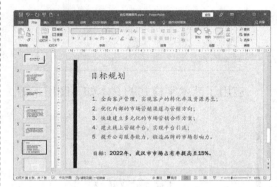

9.3 制作公司文化宣传演示文稿

公司文化宣传演示文稿主要用于介绍企业的主营业务、产品、规模及人文历史。本节以制作公司文化宣传演示文稿为例，介绍在演示文稿中创建表格与插入图片的方法。

9.3.1 创建表格

在 PowerPoint 中可以通过创建表格来组织幻灯片的内容。

❶ 打开"素材 \ch09\ 公司文化宣传 .pptx"文件，新建"标题和内容"幻灯片，然后输入该幻灯片的标题"1 月份各渠道销售情况表"，并设置标题字体格式，如下图所示。

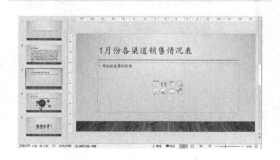

❷ 单击幻灯片中的【插入表格】按钮 ⬛，如下图所示。

❸ 弹出【插入表格】对话框，分别在【行数】和【列数】微调框中输入行数和列数，单击【确定】按钮，如下图所示。

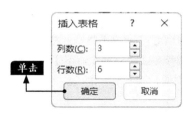

完成表格的创建，如右图所示。

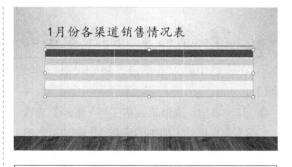

提示 除上述方法外，还可以使用【插入】选项卡下【表格】组中的【表格】按钮，操作方法和在 Word 中创建表格的方法一致，在此不赘述。

9.3.2 在表格中输入文字

创建表格后，需要在表格中输入文字，具体操作步骤如下。

❶ 选中要输入文字的单元格，输入相应的内容，如下图所示。

销售渠道	销售平台	销售金额（：万元）
线上渠道	天猫	43.56
	京东	27.65
	苏宁	15.72
线下渠道	萧山区专卖店	9.73
	江干区专卖店	12.68

1月份各渠道销售情况表

❷ 拖曳选中第一列的第二行到第四行的单元格，右击，在弹出的快捷菜单中选择【合并单元格】命令，如下图所示。

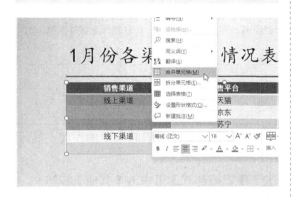

❸ 合并选中的单元格，将内容设置为垂直居中显示，效果如下图所示。

❹ 重复上面的操作步骤，合并需要合并的单元格，最终效果如下图所示。

9.3.3 调整表格的行高与列宽

在表格中输入文字后，我们可以根据文字的大小调整表格的行高与列宽，具体操作步骤如下。

❶ 选中表格，通过【表格工具-布局】选项卡下【表格尺寸】组中的【高度】微调框右侧的微调按钮进行设置，或直接在【高度】微调框中输入新的高度值，如下图所示。

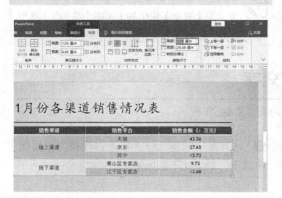

❷ 这里设置高度为9厘米，效果如下图所示。

❸ 通过【表格工具-布局】选项卡下【表格

尺寸】组中的【宽度】微调框右侧的微调按钮进行调整，或直接在【宽度】微调框中输入新的宽度值，如下图所示。

❹ 调整表格列宽后根据当前的行高与列宽设置字体格式和段落格式，效果如下图所示。

 提示 把鼠标指针放在要调整的单元格边框线上，当鼠标指针变成↔或↕形状时，按住鼠标左键并拖曳，也可以调整表格的行高或列宽。

9.3.4 设置表格样式

除了调整表格的行高与列宽，用户还可以设置表格的样式，使其看起来更加美观，具体操作步骤如下。

选中表格，单击【表格工具－表设计】选项卡下【表格样式】组中的【其他】按钮▼，在弹出的下拉列表中选择一种表格样式，如下页图所示。

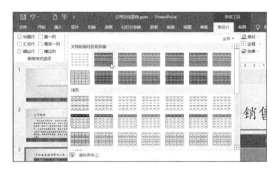

应用了样式的表格如右图所示。

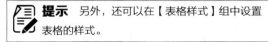

> **提示** 另外，还可以在【表格样式】组中设置表格的样式。

 9.3.5 插入图片

在幻灯片中插入图片，可以使演示文稿图文并茂。插入图片的具体操作步骤如下。

❶ 在第3张幻灯片后新建"标题和内容"幻灯片，输入标题，单击幻灯片中的【图片】按钮 ，如下图所示。

❷ 弹出【插入图片】对话框，找到图片所在的位置，选择要插入幻灯片的图片，单击【插入】按钮，如下图所示。

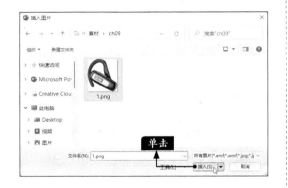

图片插入幻灯片的效果如下图所示。

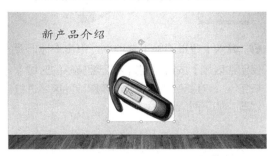

❸ 单击图片，按住鼠标左键，拖曳移动图片到合适位置，如下图所示。

9.3.6 编辑图片

插入图片后，还可以根据需求对图片进行编辑，具体操作步骤如下。

❶ 选中插入的图片，单击【图片工具 -图片格式】选项卡下的【删除背景】按钮，如下图所示。

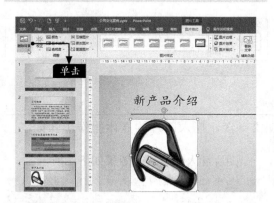

❷ 进入【背景消除】选项卡，单击【标记要保留的区域】按钮或【标记要删除的区域】按钮，对要保留的区域或要删除的区域进行修改，如下图所示。

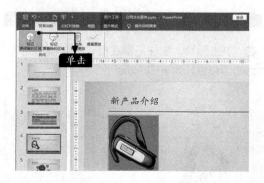

❸ 修改完成后，单击【保留更改】按钮，如下图所示。

删除背景后的效果如下图所示。

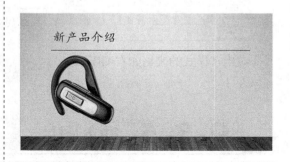

❹ 单击【图片工具 -图片格式】选项卡下【调整】组中的【校正】按钮，如下图所示，在弹出的下拉列表中选择相应的选项，校正图片的亮度和锐化效果。

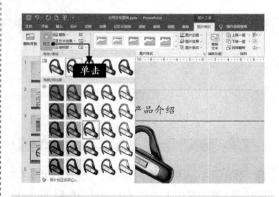

❺ 调整后，根据需求在图片右侧添加文字，最终效果如下图所示。

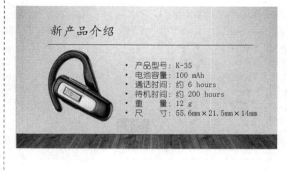

9.4 制作销售业绩报告演示文稿

　　销售业绩报告演示文稿主要用于展示公司的销售业绩情况，可以使用形状、图表等来展示公司的销售业绩。

9.4.1 在报告概要幻灯片中插入形状

　　制作演示文稿时，可以向幻灯片中插入形状，并且还可以合并多个形状，生成相对复杂的形状。插入形状后，可以在其中添加文字、项目符号、编号和快速样式等内容。

1. 插入形状

　　在幻灯片中可以绘制【线条】、【矩形】、【基本形状】、【箭头总汇】、【公式形状】、【流程图】、【星与旗帜】、【标注】和【动作按钮】等类别的形状。

❶ 打开"素材\ch09\销售业绩报告.pptx"文件，选中第 2 张幻灯片，如下图所示。

❷ 单击【插入】选项卡下【插图】组中的【形状】按钮，在弹出的下拉列表中选择【基本形状】下的【椭圆】选项，如下图所示。

❸ 此时鼠标指针在幻灯片中显示为+形状，同时按住【Shift】键和鼠标左键并拖曳，绘制圆形，如下图所示。

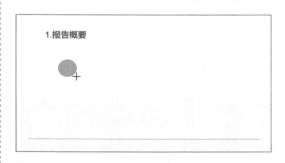

❹ 拖曳圆形到适当位置，如下图所示。

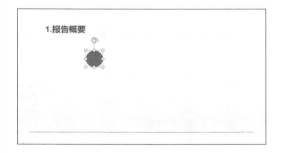

> 📝 **提示**　选择【椭圆】选项后，按住【Shift】键可以绘制出圆形；如果不按住【Shift】键，绘制出的将会是椭圆。

❺ 单击【插入】选项卡下【插图】组中的【形状】按钮，在弹出的下拉列表中选择【线条】下的【直线】选项，如下页图所示。

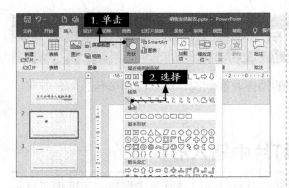

⑥ 同时按住【Shift】键和鼠标左键并拖曳，在幻灯片中绘制一条直线，如下图所示。

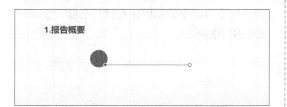

⑦ 单击【形状轮廓】按钮右侧的下拉按钮，在弹出的下拉列表中选择【虚线】选项，然后在弹出的下拉列表中选择一种线型，如下图所示。

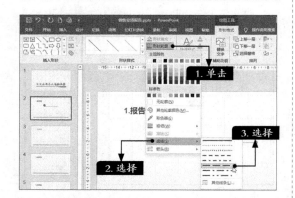

绘制完成后的效果如下图所示。

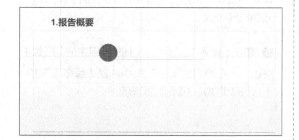

2. 应用形状样式

绘制图形后，在【绘图工具－形状格式】选项卡下的【形状样式】组中可以对幻灯片中的形状样式进行设置，包括设置填充形状的颜色、填充形状轮廓的颜色和形状的效果等，具体操作步骤如下。

❶ 选中圆形，单击【绘图工具－形状格式】选项卡下【形状样式】组中的【其他】按钮，在弹出的下拉列表中选择一种形状样式，如下图所示。

应用该样式的图形如下图所示。

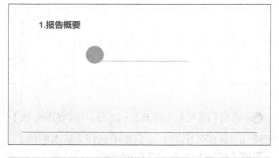

❷ 选中直线并设置颜色，然后单击【绘图工具－形状格式】选项卡下【形状样式】组中的【形状轮廓】按钮右侧的下拉按钮，在弹出的下拉列表中选择【粗细】选项，然后在弹出的下拉列表中选择线条的粗细效果，如这里选择【4.5磅】选项，如下页图所示。

设置完成后的效果如下图所示。

3. 组合形状

在同一张幻灯片中插入多个形状时，可以将多个形状组合成一个形状。如这里将绘制的圆形和直线组合成一个形状，具体操作步骤如下。

❶ 调整圆形和直线的位置与大小，然后选中圆形，单击鼠标右键，在弹出的快捷菜单中选择【置于顶层】下的【置于顶层】命令，如下图所示。

❷ 同时选中圆形和直线，单击鼠标右键，在

弹出的快捷菜单中选择【组合】下的【组合】命令，如下图所示。

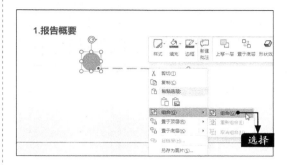

选中的图形被组合到一起，效果如下图所示。

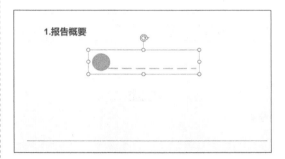

❸ 如果要取消组合，选中组合后的图形，单击鼠标右键，在弹出的快捷菜单中选择【组合】下的【取消组合】命令，如下图所示。

4. 排列形状

使用【形状格式】选项卡下【排列】组中的【对齐】按钮，可以将多个形状以

各种方式进行快速排列，具体操作步骤如下。

❶ 选中组合后的形状，按【Ctrl+C】组合键复制形状，然后在该组合形状下任意空白位置单击，按【Ctrl+V】组合键粘贴形状，重复以上操作，复制出 3 个形状，如下图所示。

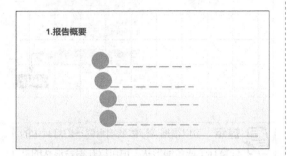

❷ 选中所有的形状，单击【绘图工具 - 形状格式】选项卡下【排列】组中的【对齐】按钮 对齐，在弹出的下拉列表中选择【水平居中】选项，如下图所示。

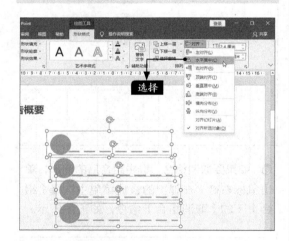

所选图形对齐后的效果如下图所示。

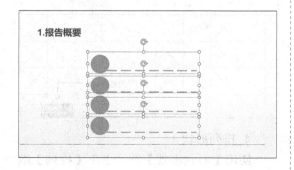

❸ 调整形状上下间距后，在【对齐】下拉列表中选择【纵向分布】选项，如下图所示。

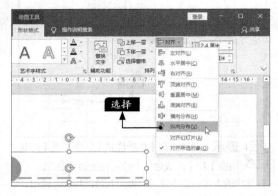

调整后的效果如下图所示。

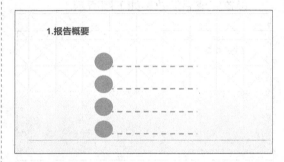

❹ 使用 4.2.2 小节的方法，调整其他形状的填充颜色，最终效果如下图所示。

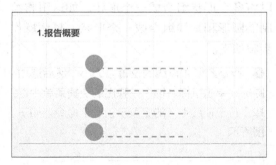

5. 在形状中添加文本

可以直接在绘制或者插入的形状中添加文本，也可以借助文本框添加文本，具体操作步骤如下。

❶ 选中第 1 个圆形，单击鼠标右键，在弹出

的快捷菜单中选择【编辑文字】命令，如下图所示。

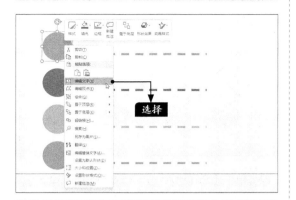

❷ 此时光标定位在圆形中，输入阿拉伯数字"1"。重复上述操作在其他圆形中依次输入数字"2""3""4"，调整数字字体及大小，这里调整【字体】为【楷体】、【字号】为【36】，效果如下图所示。

❸ 在第 1 个圆形右侧的直线上方绘制一个横排文本框，然后输入文本。设置【字体】为【华文中宋】、【字号】为【36】。调整文本框的位置，使文字位于虚线中间位置，效果如下图所示。

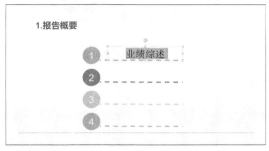

❹ 使用同样的方法输入并调整其他文字，最终效果如下图所示。

 ### 9.4.2 使用 SmartArt 图形

使用 SmartArt 图形，只需单击几下，就可以创建具有设计师水准的插图。演示文稿通常包含带有项目符号列表的幻灯片。使用 PowerPoint 时，可以将幻灯片中的文本转换为 SmartArt 图形。此外，还可以为 SmartArt 图形添加动画效果。

1. 创建 SmartArt 图形

在创建时，用户可以根据 SmartArt 图形的作用来选择具体使用哪种类型，具体操作步骤如下。

❶ 选中"业务种类"幻灯片，如右图所示。

❷ 单击【插入】选项卡下【插图】组中的【SmartArt】按钮 📄SmartArt，如下图所示。

❸ 在弹出的【选择 SmartArt 图形】对话框中选择【列表】下的【梯形列表】选项，单击【确定】按钮，如下图所示。

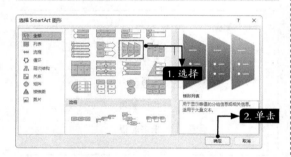

❹ 幻灯片中出现一个列表图形，适当调整其大小，如下图所示。

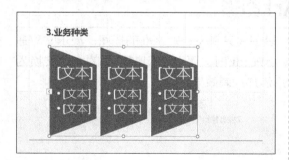

2. 添加形状

创建 SmartArt 图形之后，可以对图形进行修改，如添加、删除形状。下面在创建的 SmartArt 图形后添加一个形状，具体操作步骤如下。

❶ 单击图形中的"文本"字样，输入文本内容，如下图所示。

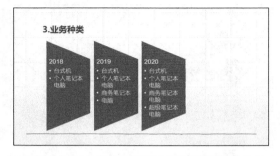

❷ 单击【SmartArt 工具－SmartArt 设计】选项卡下【创建图形】组中【添加形状】按钮右侧的下拉按钮，在弹出的下拉列表中选择【在后面添加形状】选项，如下图所示。

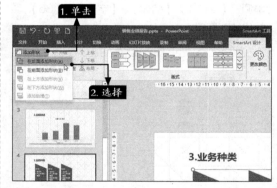

❸ SmartArt 图形中出现一个新形状，调整其大小，如下图所示。

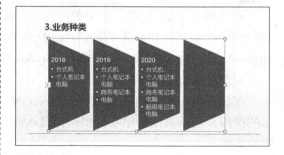

❹ 单击【SmartArt 工具－SmartArt 设计】选项卡下【创建图形】组中的【文本窗格】按钮 📄文本窗格，如下页图所示。

❺ 弹出【在此处键入文字】对话框，在对话框中输入文字，右侧窗口中会同时显示输入的文字，如下图所示。

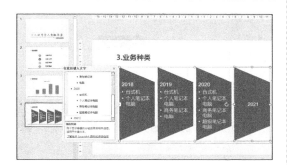

在图形中输入文本内容后的效果如下图所示。

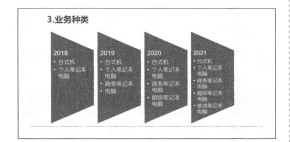

3. 美化 SmartArt 图形

创建 SmartArt 图形后，还可以更改图形中的一个或多个形状的颜色和轮廓等，使 SmartArt 图形看起来更美观，具体操作步骤如下。

❶ 单击 SmartArt 图形边框，然后单击【SmartArt 工具 – SmartArt 设计】选项卡下【SmartArt 样式】组中的【更改颜色】按钮，在弹出的下拉列表中选择【彩色】下的【彩色 – 个性色】选项，如右上图所示。

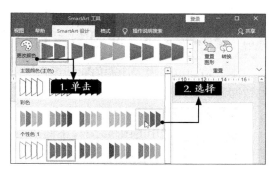

更改颜色样式后的效果如下图所示。

❷ 单击【SmartArt 样式】组中的【其他】按钮，在弹出的下拉列表中选择【三维】下的【嵌入】选项，如下图所示。

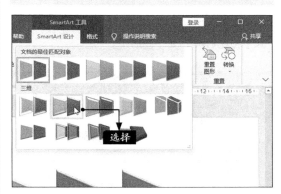

美化 SmartArt 图形后的效果如下图所示。

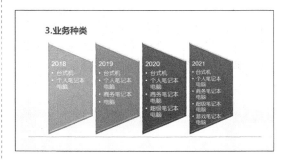

185

9.4.3 使用图表制作"业绩综述"和"地区销售"幻灯片

本节将通过图表，让销售业绩报告演示文稿中的"业绩综述"和"地区销售"幻灯片中的数据显示更加直观。

1. 插入图表

柱形图是最常用的图表之一，下面在"业绩综述"幻灯片中插入柱形图来展示业绩，具体操作步骤如下。

❶ 选中"业绩综述"幻灯片，如下图所示。

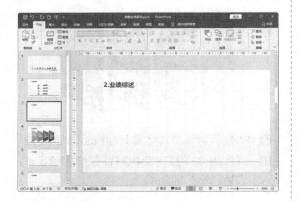

❷ 单击【插入】选项卡下【插图】组中的【图表】按钮 ，如下图所示。

❸ 在弹出的【插入图表】对话框的【所有图表】选项卡中选择【柱形图】下的【簇状柱形图】选项，单击【确定】按钮，如右上图所示。

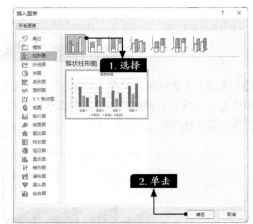

❹ PowerPoint 会自动弹出 Excel 表格，在表格中输入需要显示的数据，如下图所示，输入完毕后关闭 Excel 表格。

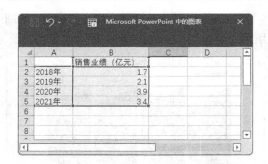

❺ 演示文稿中插入一个图表，调整图表的大小，如下图所示。

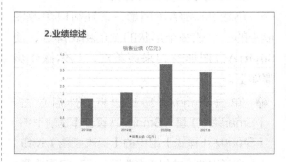

❻　选中插入的图表，单击【图表工具 -图表设计】选项卡下【图表样式】组中的【其他】按钮 ⊡，在弹出的下拉列表中选择【样式 13】选项，如下图所示。

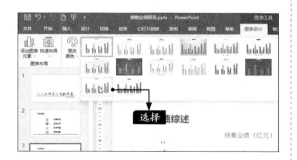

❼　调整图表标题，效果如下图所示。

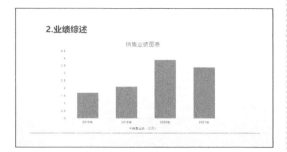

❽　单击【图表工具 -图表设计】选项卡下【图表布局】组中的【添加图表元素】按钮 ，在弹出的下拉列表中选择【数据标签】下的【数据标签外】选项，如下图所示。

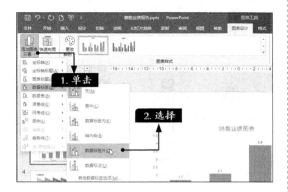

插入数据标签后的效果如右上图所示。

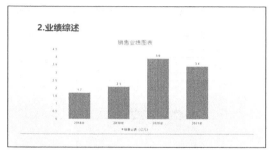

2. 创建其他图表

下面将在"地区销售"幻灯片中插入一个饼图，具体操作步骤如下。

❶　选中"地区销售"幻灯片，单击幻灯片文本框中的【插入图表】按钮 ，在弹出的【插入图表】对话框中选择【饼图】下的【三维饼图】选项，单击【确定】按钮，如下图所示。

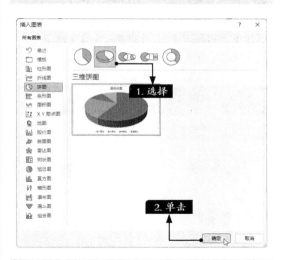

❷　在弹出的 Excel 表格中输入相关数据，如下图所示。

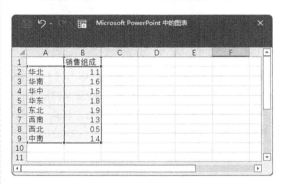

❸ 关闭 Excel 表格，完成饼图的插入，调整其大小，如下图所示。

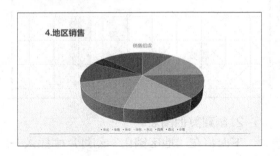

❹ 使用【图表工具】中的两个选项卡对饼图进行修饰，效果如下图所示。

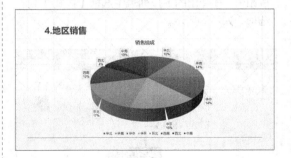

 9·4·4 使用形状制作"未来展望"幻灯片

本节将在"未来展望"幻灯片中使用形状和文字来展示相关内容，具体操作步骤如下。

❶ 选中"未来展望"幻灯片，单击【插入】选项卡下【插图】组中的【形状】按钮，在弹出的下拉列表中选择【箭头总汇】下的【箭头：上】选项，如下图所示。

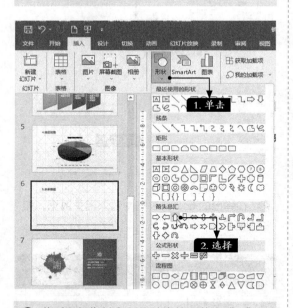

❷ 此时鼠标指针在幻灯片中的形状为"＋"，在幻灯片空白位置单击，按住鼠标左键并拖曳，在适当位置释放鼠标左键，绘制的"箭头：上"形状如右上图所示。

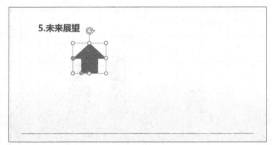

❸ 单击【绘图工具 - 形状格式】选项卡下【形状样式】组中的【其他】按钮，在弹出的下拉列表中选择一种样式进行应用，如下图所示。

❹ 重复上面的操作步骤，插入矩形形状，并设置形状样式，如下页图所示。

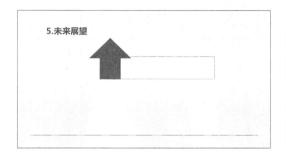

❺ 选中插入的图形并复制粘贴两次，然后调整图形的位置。设置图形的样式，效果如下图所示。

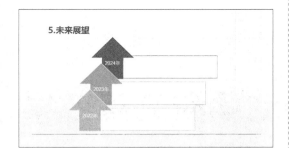

❻ 在图形中输入文字，并根据需要设置文字样式，如下图所示。

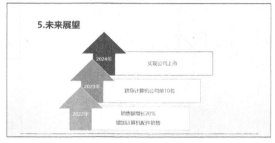

至此，销售业绩报告演示文稿制作完成，如下图所示。

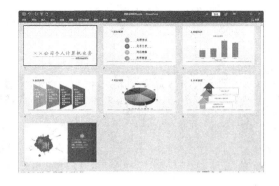

第

10

章

进阶技巧：添加动画和交互效果

本章导读

本章将深入探讨如何为演示文稿添加动画和交互效果，使其更具吸引力和互动性。主要讲解创建并精确调整各种动画、使用触发器激活动画，以及如何应用切换效果、添加超链接和设置动作按钮。此外，还将讲解如何嵌入音频和视频，使演示文稿更加生动、引人入胜。

重点内容

- ✚ 掌握动画和切换效果的应用
- ✚ 掌握添加超链接的技巧
- ✚ 掌握动作按钮的应用
- ✚ 掌握插入音视频媒体文件的方法

10.1 修饰市场季度报告演示文稿

在 PowerPoint 中，创建并设置动画可以加深观众对幻灯片的印象。本节以修饰市场季度报告演示文稿为例，介绍动画的创建和设置方法。

10.1.1 创建动画

可以为幻灯片中的对象创建进入动画。例如，可以使对象逐渐淡入焦点、从边缘飞入幻灯片或者跳入视图中。创建进入动画的具体操作步骤如下。

❶ 打开"素材 \ch10\ 市场季度报告 .pptx"文件，选中幻灯片中要创建进入动画效果的文字，如下图所示。

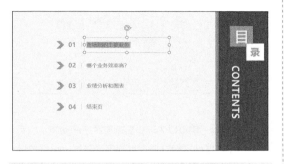

❷ 单击【动画】选项卡下【动画】组中的【其他】按钮，在弹出的下拉列表的【进入】区域中选择【劈裂】选项，创建动画，如下图所示。

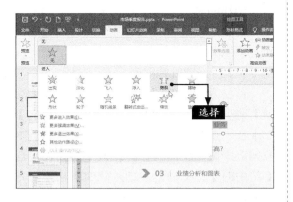

添加动画效果后，文字对象前面将显示一个动画编号标记 1，如下图所示。

❸ 使用同样的方法，为其他需要设置动画的幻灯片创建动画，如下图所示。

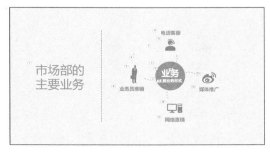

提示 创建动画后，幻灯片中的动画编号标记在打印时不会被打印出来。

10.1.2 设置动画

在幻灯片中创建动画后，可以对动画进行设置，包括调整动画顺序、设置动画计时等。

1. 调整动画顺序

在放映幻灯片的过程中，可以对动画播放的顺序进行调整，具体操作步骤如下。

❶ 选中已经创建动画的幻灯片，可以看到设置好的动画序号，如下图所示。

❷ 单击【动画】选项卡下【高级动画】组中的【动画窗格】按钮，弹出【动画窗格】，如下图所示。

❸ 选择【动画窗格】中需要调整顺序的动画，这里选择动画 2，拖曳到目标位置，如右上图所示。另外，也可以单击【动画窗格】上方的向上按钮 或向下按钮 调整动画顺序。

调整后的效果如下图所示。

> **提示** 也可以先选中要调整顺序的动画，然后按住鼠标左键并拖曳其到适当位置，再释放鼠标左键把动画重新排序。此外，还可以通过【动画】选项卡来调整动画顺序。

2. 设置动画计时

创建动画之后，可以在【动画】选项卡中为动画指定开始时间、持续时间和延迟时间，具体操作步骤如下。

（1）设置开始时间

若要为动画设置开始时间，可以在【动画】选项卡下的【计时】组中单击【开始】文本框右侧的下拉按钮，然后从弹出的下拉列表中选择所需的计时。该下拉列表包含【单击时】、【与上一动画同时】和【上一动画之后】3 个选项，如下页图所示。

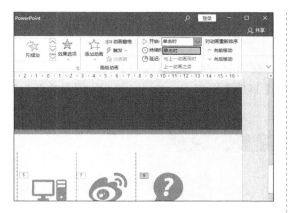

（3）设置延迟时间

若要设置动画开始前的延迟时间，可以在【计时】组中的【延迟】文本框中输入所需的秒数，或者使用微调按钮 ⏶进行调整，如下图所示。

（2）设置持续时间

若要设置动画运行的持续时间，可以在【计时】组中的【持续时间】文本框中输入所需的秒数，或者单击【持续时间】文本框右侧的微调按钮 ⏶进行调整，如右上图所示。

10.1.3　触发动画

创建并设置动画后，用户可以设置动画的触发方式，具体操作步骤如下。

❶ 选中创建的动画，单击【动画】选项卡下【高级动画】组中的【触发】按钮 ⚡触发 ˅，在弹出的下拉列表中选择【通过单击】→【TextBox 11】选项，如下图所示。

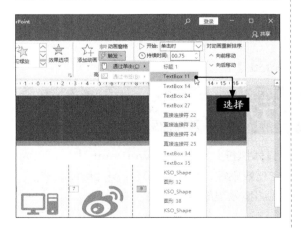

❷ 单击【动画】选项卡下【预览】组中的【预览】按钮，对动画的效果进行预览，如右上图所示。

此外，单击【动画】选项卡下【计时】组中的【开始】文本框右侧的下拉按钮 ˅，在弹出的下拉列表中也可以选择动画的触发方式，如下图所示。

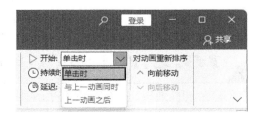

193

10.1.4 删除动画

为对象创建动画后，可以根据需要删除动画。删除动画的方法有以下3种。

（1）单击【动画】选项卡下【动画】组中的【其他】按钮 ，在弹出的下拉列表的【无】区域中选择【无】选项，如下图所示。

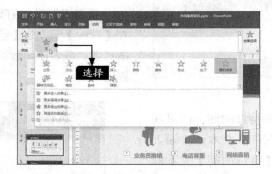

（2）单击【动画】选项卡下【高级动画】组中的【动画窗格】按钮 动画窗格，在弹出的【动画窗格】中选中要删除的动画，然后单击菜单图标（向下箭头） ，在弹出的下拉列表中选择【删除】选项，如下图所示。

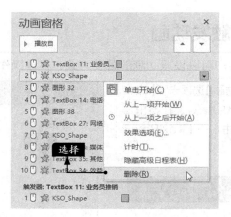

（3）选中添加动画的对象前的图标，按【Delete】键。

10.2 修饰活动执行方案演示文稿

活动执行方案演示文稿主要用于介绍活动的具体执行方案。在 PowerPoint 中，可以为幻灯片设置切换效果、添加超链接、设置按钮的交互效果等，从而使幻灯片更加绚丽多彩。

本节以活动执行方案演示文稿为例介绍幻灯片切换效果的设置方法。

10.2.1 设置幻灯片切换效果

幻灯片切换效果是其切换时产生的类似动画的效果，可以使幻灯片在放映时更加生动、形象。

1. 添加切换效果

幻灯片切换效果是指在幻灯片演示期间从一张幻灯片切换到下一张幻灯片时，在【幻灯片放映】视图中出现的动画效果。添加切换效果的具体操作步骤如下。

❶ 打开"素材 \ch10\ 活动执行方案 .pptx"文件，选中要设置切换效果的幻灯片，单击【切换】选项卡下【切换到此幻灯片】组中的【其他】按钮 ⧩，如下图所示。

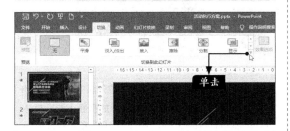

❷ 在弹出的下拉列表的【细微】区域中选择一个细微型切换效果，这里选择【形状】选项，如下图所示。

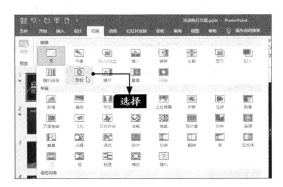

添加过细微型切换效果的幻灯片在放映时会显示切换效果，下图所示为幻灯片切换效果的部分截图。

❸ 选中第 2 张幻灯片，打开切换效果类别，选择【涡流】切换效果，如下图所示。

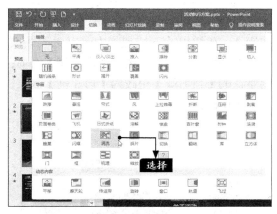

该效果的部分截图如下图所示。

❹ 使用同样的方法为第 3 张幻灯片添加【传送带】切换效果，如下图所示。

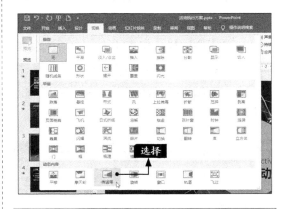

 提示　使用同样的方法，为其他幻灯片添加切换效果。

2. 设置切换效果的属性

PowerPoint 部分切换效果具有可自定

义的属性，用户可以对这些属性进行自定义设置，具体操作步骤如下。

选中第 3 张幻灯片，在【切换】选项卡的【切换到此幻灯片】组中单击【效果选项】按钮 。在弹出的下拉列表中可以更改切换效果的切换起始方向，选择【自左侧】选项，将默认的【自右侧】更改为【自左侧】效果，如下图所示。

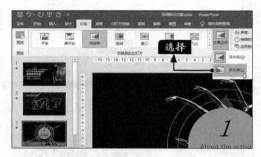

效果如下图所示。

3. 为切换效果添加声音

如果想使切换效果更生动，可以为其添加声音效果，具体操作步骤如下。

❶ 选中要添加声音效果的第 2 张幻灯片，如下图所示。

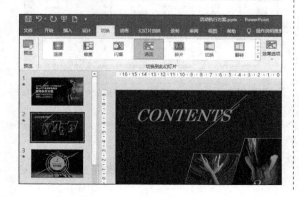

❷ 在【切换】选项卡的【计时】组中单击【声音】右侧的下拉按钮 ，在弹出的下拉列表中选择需要的声音效果，如选择【推动】选项，如下图所示。

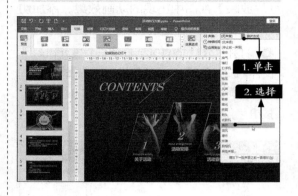

> **提示** 也可以从弹出的下拉列表中选择【其他声音】选项，在弹出的【添加音频】对话框中选择要添加的音频文件，添加自己想要的声音效果。

4. 设置效果的持续时间

切换幻灯片时，用户可以为其设置持续时间从而控制切换速度，便于查看幻灯片的内容。

选中演示文稿中的某一张幻灯片，在【切换】选项卡的【计时】组中单击【持续时间】微调按钮 ，或者直接在文本框中输入所需的时间，如下图所示。

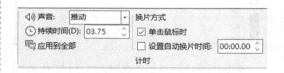

5. 设置切换方式

在【切换】选项卡的【计时】组中，勾选【换片方式】中的复选框可以设置幻灯片的切换方式。勾选【单击鼠标时】复选框，可以设置单击鼠标来切换幻灯片的方式，如下页图所示。

时间以设置自动切换幻灯片的时间。

也可以勾选【设置自动换片时间】复选框，在【设置自动换片时间】文本框中输入

> **提示** 【单击鼠标时】复选框和【设置自动换片时间】复选框可以同时勾选，这样切换时既可以单击鼠标切换，也可以按设置的自动切换时间切换。

10.2.2 为幻灯片添加超链接

在 PowerPoint 中，通过超链接，可以从一张幻灯片跳转到同一演示文稿中不连续的另一张幻灯片，也可以从一张幻灯片跳转到其他演示文稿中的幻灯片、电子邮件地址、网页，以及其他文件等。用户可以对文本或其他对象创建超链接。

1. 链接到同一演示文稿中的幻灯片

将演示文稿中的文字链接到同一演示文稿的其他位置，具体操作步骤如下。

❶ 在普通视图中选择要用作超链接的文本，这里选中文本"活动安排"，如下图所示。

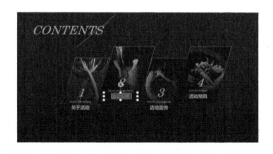

❷ 单击【插入】选项卡下【链接】组中的【链接】按钮，如下图所示。

❸ 在弹出的【插入超链接】对话框左侧的【链接到】列表框中选择【本文档中的位置】选项，在右侧【请选择文档中的位置】列表框中选择【幻灯片标题】下方的【7. 幻灯片 7】选项，单击【确定】按钮，如右上图所示。

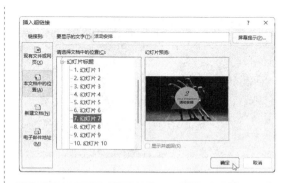

❹ 将选中的文本链接到演示文稿中的"7. 幻灯片 7"幻灯片。添加超链接后的文本字体变成蓝色，且以下划线标出，如下图所示。放映幻灯片时，单击添加了超链接的文本即可跳转到相应的位置。

❺ 按【Shift+F5】组合键放映当前幻灯片，单击创建了超链接的文本"活动安排"，跳转到另一幻灯片，如下页图所示。

2. 链接到不同演示文稿中的幻灯片

使用超链接也可以将文本链接到不同演示文稿中，具体操作步骤如下。

❶ 选中第 11 张幻灯片，选择要创建超链接的文本，这里选中文本"活动宣传"，如下图所示。

❷ 在【插入】选项卡的【链接】组中单击【链接】按钮，如下图所示。

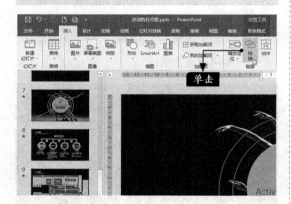

❸ 在弹出的【插入超链接】对话框左侧的【链接到】列表框中选择【现有文件或网页】选项，然后在右侧选择"素材\ch10\宣传流程.pptx"作为链接到幻灯片的演示文稿，单击【书签】按钮，如右上图所示。

❹ 在弹出的【在文档中选择位置】对话框中选择幻灯片标题，单击【确定】按钮，如下图所示。

❺ 返回【插入超链接】对话框。可以看到选择的幻灯片标题被添加到【地址】文本框中，单击【确定】按钮，即可将选中的文本链接到另一演示文稿的幻灯片中，如下图所示。

❻ 按【Shift+F5】组合键放映当前幻灯片，单击创建了超链接的文本"活动宣传"，跳转

到另一演示文稿中的幻灯片，如下图所示。

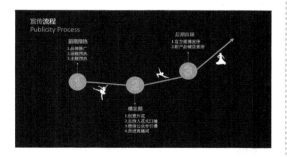

3. 链接到 Web 上的页面或文件

使用超链接也可以使演示文稿中的文本跳转到 Web 上的页面或文件，具体操作步骤如下。

❶ 选中第 3 张幻灯片，在普通视图中选择要用作超链接的文本，这里选中文本"bilibili"，如下图所示。

❷ 在【插入】选项卡的【链接】组中单击【链接】按钮，如下图所示。

❸ 在弹出的【插入超链接】对话框左侧的【链

接到】列表框中选择【现有文件或网页】选项，在下方的【地址】文本框中输入要链接到的网页地址，单击【确定】按钮，如下图所示。

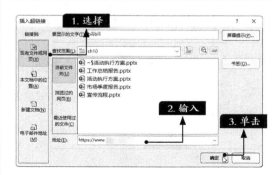

选中的文本被链接到 Web 页面上，如下图所示。

4. 链接到电子邮件地址

将文本链接到电子邮件地址的具体操作步骤如下。

❶ 选中第 14 张幻灯片，在普通视图中选择要用作超链接的文本，这里选中文本"××文化传播有限公司"，单击【插入】选项卡下【链接】组中的【链接】按钮，如下图所示。

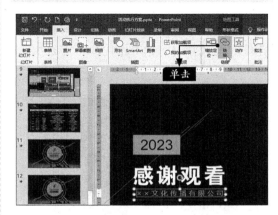

❷ 在弹出的【插入超链接】对话框左侧的【链接到】列表框中选择【电子邮件地址】选项，在【电子邮件地址】文本框中输入要链接到的电子邮件地址，在【主题】文本框中输入电子邮件的主题，如下图所示，单击【确定】按钮。

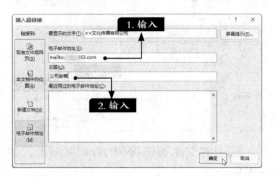

提示　也可以在【最近用过的电子邮件地址】列表框中单击电子邮件地址。

选中的文本链接到指定的电子邮件地址，如下图所示。

5. 链接到新创建文档

将文本链接到新创建文档的具体操作步骤如下。

❶ 选中第 1 张幻灯片，在普通视图中选择要用作超链接的文本，这里选中文本"活动执行方案"，如下图所示。

❷ 在【插入】选项卡的【链接】组中单击【链接】按钮，如下图所示。

❸ 在弹出的【插入超链接】对话框左侧的【链接到】列表框中选择【新建文档】选项，在【新建文档名称】文本框中输入要创建并链接到的文件的名称，单击【确定】按钮，如下图所示。

提示　如果要在另一位置创建文档，可在【完整路径】区域单击【更改】按钮，在弹出的【新建文档】对话框中选择要创建文件的位置，然后单击【确定】按钮。

新建一个名称为"执行方案"的演示文稿，如下图所示。

10.2.3　设置动作按钮

在 PowerPoint 中，可以为幻灯片、幻灯片中的文本或对象创建超链接，也可以使用动作按钮设置交互效果。动作按钮是预先设置好的带有特定动作的图形按钮，可以在放映幻灯片时自动跳转。设置动作按钮的具体操作步骤如下。

❶ 选中要创建动作按钮的幻灯片，这里选择最后 1 张幻灯片，如下图所示。

❷ 在【插入】选项卡的【插图】组中单击【形状】按钮，在弹出的下拉列表中选择【动作按钮】区域的【动作按钮：转到主页】选项，如下图所示。

❸ 在幻灯片的左下角按住鼠标左键绘制动作按钮，如下图所示。

❹ 绘制完成并调整其位置后，会弹出【操作设置】对话框。打开【单击鼠标】选项卡，在【单击鼠标时的动作】中选中【超链接到】单选按钮，

并在下方的下拉列表中选择【上一张幻灯片】选项，单击【确定】按钮，如下图所示。

幻灯片中插入动作按钮后的效果如下图所示。

❺ 按【Shift+F5】组合键放映当前幻灯片，在幻灯片中单击动作按钮实现跳转，得到的效果如下图所示。

10.3 制作产品推广宣传演示文稿

在制作的演示文稿中添加各种多媒体元素能够使演示文稿更具感染力。本节在产品推广宣传演示文稿中添加音频和视频文件，让产品推广宣传演示文稿的效果更丰富、完整。

10.3.1 在演示文稿中添加音频文件

在 PowerPoint 中，用户既可以在演示文稿中添加计算机中的音频文件，也可以添加自己录制的音频文件，具体操作步骤如下。

❶ 打开"素材 \ch10\ 产品推广宣传 .pptx"文件，选中第 5 张幻灯片，如下图所示。

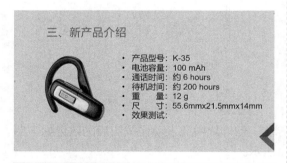

❷ 在【插入】选项卡下【媒体】组中单击【音频】按钮，在弹出的下拉列表中选择【PC 上的音频】选项，如下图所示。

❸ 弹出【插入音频】对话框，找到音频文件所在的位置，选择音频文件后，单击【插入】按钮，如右上图所示。

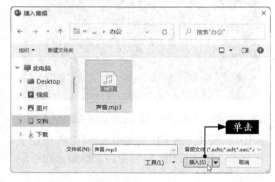

幻灯片插入音频完成，如下图所示。

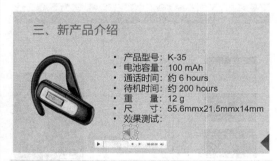

❹ 选中音频文件，按住鼠标左键将其拖曳至合适的位置，如下图所示。

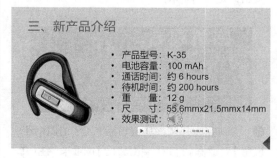

10.3.2　播放和设置音频文件

添加音频文件后可以播放，也可以进行播放效果设置、音频剪裁及在音频中插入书签等操作。

1. 播放音频文件

在幻灯片中插入音频文件后，可以试听效果，具体操作步骤如下。

❶ 选中插入的音频文件，单击音频文件图标下的【播放】按钮▶，如下图所示。

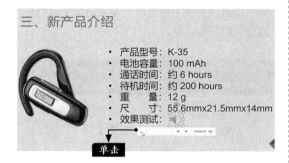

❷ 播放音频文件，如下图所示。

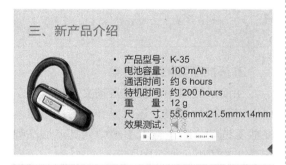

❸ 拖曳进度条，可以调整音频文件的播放进度，如下图所示。

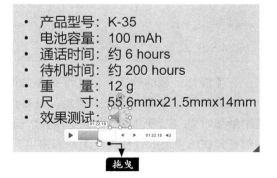

❹ 也可以在进度条上单击，快速调整播放进度，如下图所示。

❺ 单击【暂停】按钮❙❙，可以暂停播放音频文件，如下图所示。

* 产品型号：K-35
* 电池容量：100 mAh
* 通话时间：约 6 hours
* 待机时间：约 200 hours
* 重　　量：12 g
* 尺　　寸：55.6mmx21.5mmx14mm
* 效果测试：

❻ 在【音频工具 -播放】选项卡的【预览】组中单击【播放】按钮▶，也可播放插入的音频文件，如下图所示。

2. 设置播放效果

在进行演示时，用户可以将音频文件设置为在显示幻灯片时自动开始播放、在单击时开始播放或按照单击顺序播放，还可以循环播放音频直至幻灯片放映结束，具体操作步骤如下。

❶ 选中幻灯片中添加的音频文件，单击【音频工具-播放】选项卡下【音频选项】组中的【音量】按钮，在弹出的下拉列表中选择【中等】选项，如下图所示。

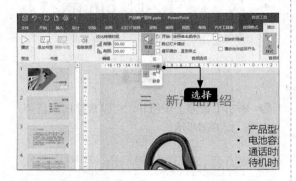

❷ 单击【开始】右侧的下拉按钮，弹出的下拉列表中包括【自动】、【单击时】和【按照单击顺序】3个选项。这里选择【自动】选项，将音频文件设置为在显示幻灯片时自动开始播放，如下图所示。

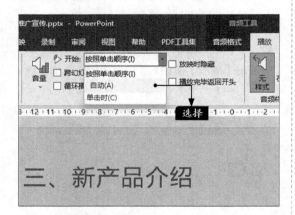

❸ 勾选【放映时隐藏】复选框，如右上图所示，放映幻灯片时音频图标将被隐藏，直接根据设置进行播放。

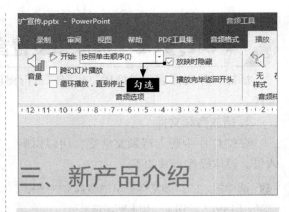

❹ 同时勾选【循环播放，直到停止】和【播放完毕返回开头】复选框，设置音频文件循环播放，如下图所示。

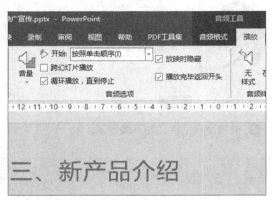

3. 添加渐强和渐弱效果

在演示文稿中添加完音频文件后，除了可以设置播放效果，还可以在【音频工具－播放】选项卡的【编辑】组中为其添加渐强和渐弱的效果，如下图所示。

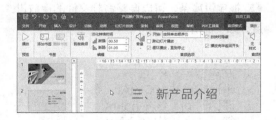

在【淡化持续时间】下的【渐强】微调框中输入数值，设置音频在开始后的几秒内使用渐强效果；在【渐弱】微调框中输入数值，设置音频在结束前的几秒内使用渐弱效果。

4. 剪裁音频文件

添加完音频文件后，用户可以在每个音频文件的开头和结尾处对其进行剪裁，以使其与演示文稿的播放时间相适应，具体操作步骤如下。

❶ 选中插入的音频，然后在【音频工具 -播放】选项卡的【编辑】组中单击【剪裁音频】按钮，如下图所示。

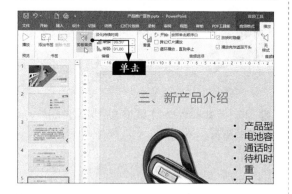

❷ 弹出【剪裁音频】对话框，单击音频的起点（最左侧的绿色标记），当鼠标指针显示为双向箭头形状时，按住鼠标左键并拖曳，将标记拖曳到所要剪辑的起始位置，如下图所示。

❸ 单击音频文件的终点（最右侧的红色标记），当鼠标指针显示为双向箭头形状时，按住鼠标左键并拖曳，将标记拖曳到所要剪辑的音频结束位置，如下图所示。

❹ 单击对话框中的【播放】按钮试听调整效果，确认不更改后，单击【确定】按钮完成对音频文件的剪裁，如下图所示。

5. 在音频文件中插入书签

可以在音频文件中插入书签以指定音频中的关注点，利用书签可快速找到音频文件中的特定点，具体操作步骤如下。

❶ 选中并播放音频文件，在【音频工具 -播放】选项卡的【书签】组中单击【添加书签】按钮，如下图所示。

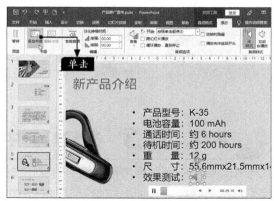

❷ 为当前时间点的音频添加书签，书签形状为圆形，如下图所示。

- 产品型号：K-35
- 电池容量：100 mAh
- 通话时间：约 6 hours
- 待机时间：约 200 hours
- 重　　量：12 g
- 尺　　寸：55.6mmx21.5mmx14mm
- 效果测试：

❸ 可利用【添加书签】按钮添加多个书签，如下图所示。

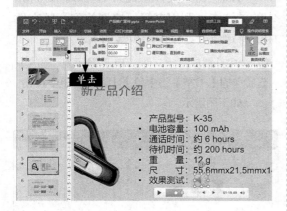

❹ 如果要删除书签，先选中书签，然后单击【书签】组中的【删除书签】按钮，如下图所示。

6. 删除音频文件

若发现插入的音频文件不是想要的或者不再需要了，可以将其删除，具体操作步骤如下。

❶ 在普通视图下选中插入的音频文件，如下图所示。

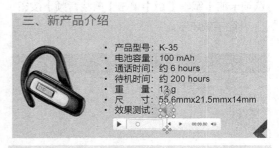

❷ 按【Backspace】键将该音频文件删除，如下图所示。

10.3.3 在幻灯片中添加视频文件

在幻灯片中可以添加计算机中的视频文件，也可以添加库存视频或联机视频文件，以丰富幻灯片的内容。下面以添加库存视频文件为例，介绍为幻灯片添加视频文件的方法。

❶ 选中第2张幻灯片，在【插入】选项卡的【媒体】组中单击【视频】按钮，在弹出的下拉列表中选择【库存视频】选项，如下图所示。

❷ 弹出的对话框的【视频】选项卡下包含多个分类，如【大自然】、【创造力】和【紫罗兰色】等，用户可以拖曳对话框右侧的滑动条进行浏览，如下图所示。

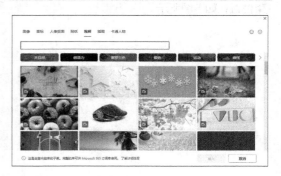

❸ 这里选择【自然】分类，在下方选择要添加的视频文件，单击【插入】按钮，如下图所示。

所选视频文件即被插入幻灯片中，如下图所示。

❹ 选中视频文件，单击鼠标右键，在弹出的快捷菜单中选择【置于底层】下的【置于底层】命令，如下图所示。

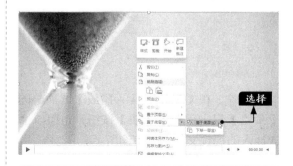

❺ 将视频文件置于幻灯片背景底层，效果如下图所示。

 ## 10.3.4　预览与设置视频文件

添加完视频文件后，可以预览其效果，并进行相应的设置。

1. 预览视频文件

在幻灯片中插入视频文件后，可以播放以查看效果，具体操作步骤如下。

❶ 选中插入的视频文件，单击视频文件图标左下方的【播放】按钮，如下图所示。

❷ 预览视频文件播放效果，如下图所示。

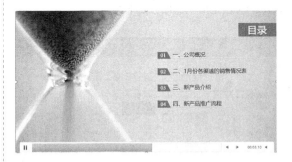

❸ 单击【暂停】按钮，暂停播放视频文件，如下页图所示。

另外，在【视频工具 – 播放】选项卡的【预览】组中单击【播放】按钮，也可以播放插入的视频文件，如下图所示。

2. 设置视频样式

在【视频工具 – 视频格式】选项卡的【视频样式】组中，可以对插入的视频文件的形状、边框及效果等进行设置，具体操作步骤如下。

❶ 选中视频文件，在【视频工具 –视频格式】选项卡的【视频样式】组中单击【其他】按钮 ，在弹出的下拉列表中选择【细微型】下的【简单的棱台矩形】选项，如下图所示。

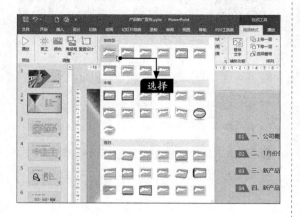

应用样式后的效果如下图所示。

❷ 在【视频样式】组中单击【视频边框】按钮 视频边框，在弹出的下拉列表中选择视频边框的颜色，如下图所示。

❸ 设置完成后再次单击【视频边框】按钮 视频边框，选择【粗细】选项，在弹出的下拉列表中设置边框线的粗细，效果如下图所示。

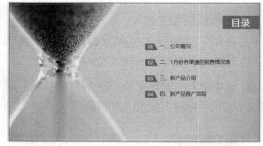

❹ 在【视频样式】组中单击【视频效果】按钮 视频效果，在弹出的下拉列表中选择【棱台】下的【图样】选项，如下页图所示。

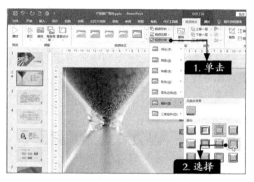

调整视频样式后的效果如下图所示。

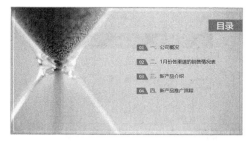

3. 设置播放选项

在放映幻灯片时，可以将插入或链接的视频文件设置为自动播放，或在单击时播放，具体操作步骤如下。

❶ 选中视频文件，单击【视频工具－播放】选项卡下【视频选项】组中的【音量】按钮，在弹出的下拉列表中设置音量的大小，如下图所示。

❷ 单击【开始】右侧的下拉按钮，在弹出的下拉列表中选择【自动】选项，可以设置通过单击来控制启动视频的时间，如下图所示。

❸ 勾选【全屏播放】复选框，如下图所示，设置幻灯片中的视频文件全屏播放。

❹ 勾选【循环播放，直到停止】复选框和【播放完毕返回开头】复选框，设置该视频文件循环播放，如下图所示。

> **提示** 勾选【未播放时隐藏】复选框，可以将视频文件在未播放时设置为隐藏状态。设置视频文件为未播放时隐藏后，需要创建一个自动播放的动画来启动视频，否则在幻灯片放映的过程中将看不到此视频。

4. 添加淡入和淡出效果

添加视频文件后，在【视频工具－播放】选项卡的【编辑】组中可以为视频文件设置淡入和淡出的持续时间，如下图所示。

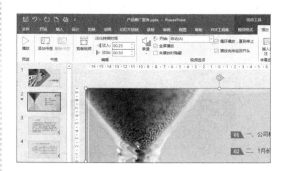

5. 剪裁视频文件

在开头和末尾处对视频文件进行剪裁，使其与幻灯片的播放时间相适应，具体操作步骤如下。

❶ 选中视频文件，在【视频工具－播放】选项卡的【编辑】组中单击【剪裁视频】按

钮 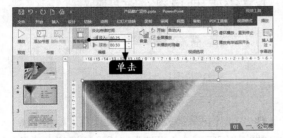，如下图所示。

② 弹出【剪裁视频】对话框，在该对话框中可以看到视频的持续时间、开始时间及结束时间，如下图所示。

③ 单击视频的起点（最左侧的绿色标记），当鼠标指针显示为双向箭头形状时，按住鼠标左键并拖曳，将标记拖曳到所要设置的起始位置，如下图所示。

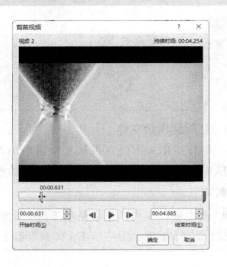

④ 单击视频的终点（最右侧的红色标记），当鼠标指针显示为双向箭头形状时，按住鼠标左键并拖曳，将标记拖曳到所要设置的结束位置，如下图所示。

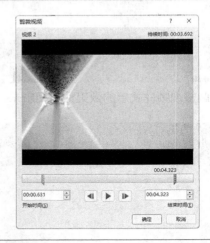

> **提示** 也可以在【开始时间】微调框和【结束时间】微调框中输入精确的数值来剪裁视频文件。剪裁位置确定之后，单击【播放】按钮观看效果，确认无误后，单击【确定】按钮即可完成对视频文件的剪裁。

6. 在视频文件中添加书签

可以在视频文件中插入书签以指定视频中的关注点，在放映幻灯片时可以利用书签直接跳转至视频文件的特定位置，具体操作步骤如下。

① 选中并播放视频文件，在【视频工具－播放】选项卡的【书签】组中单击【添加书签】按钮 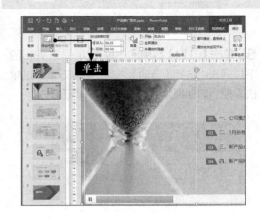，如下图所示。

❷ 为当前时间点的视频添加书签，书签显示为圆形，如下图所示。

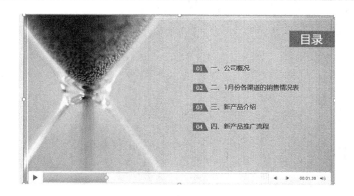

展示输出：放映和打印技巧

本章导读

    演示文稿制作完成后，可以将其呈现给观众，要么播放演示，要么将其打印成纸质文档。本章主要介绍如何设置演示文稿的放映和打印方式，包括幻灯片放映方式的设置、幻灯片放映的方法、为幻灯片添加和编辑注释以及打印幻灯片等内容。

重点内容

✚ 掌握幻灯片放映方式的设置与放映方法
✚ 掌握为幻灯片添加注释的方法
✚ 掌握打印幻灯片的技巧

11.1 放映公司宣传幻灯片

公司宣传幻灯片主要用于介绍公司的文化、背景、成果等。PowerPoint 为用户提供了实用的放映方法。本节以放映公司宣传幻灯片为例介绍幻灯片的放映方法。

 11.1.1 幻灯片的 3 种放映类型

在 PowerPoint 中，演示文稿的放映类型分为【演讲者放映（全屏幕）】【观众自行浏览（窗口）】和【在展台浏览（全屏幕）】3 种。

放映类型的设置方法为：单击【幻灯片放映】选项卡下【设置】组中的【设置幻灯片放映】按钮，在弹出的【设置放映方式】对话框中进行【放映类型】、【放映选项】及【放映幻灯片】等设置，如下图所示。

1. 演讲者放映

演讲者放映是指由演讲者一边讲解一边放映演示文稿，这种演示类型适用于比较正式的场合，如专题讲座、学术报告等。

将演示文稿的放映设置为此类型的具体操作步骤如下。

❶ 打开"素材\ch11\公司宣传简介 .pptx"文件。单击【幻灯片放映】选项卡下【设置】组中的【设置幻灯片放映】按钮，如下图所示。

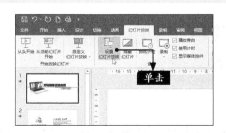

❷ 在弹出的【设置放映方式】对话框中，选中【放映类型】区域的【演讲者放映（全屏幕）】单选按钮，如下图所示。

❸ 在【设置放映方式】对话框的【放映选项】区域勾选【循环放映，按 ESC 键终止】复选框，

在【推进幻灯片】区域选中【手动】单选按钮，设置演示过程中的换片方式为手动，单击【确定】按钮完成设置，如下图所示。

❹ 按【F5】键进行全屏幕演示。下图所示为采用【演讲者放映（全屏幕）】放映类型时，"公司宣传简介"演示文稿中的第 1 页幻灯片的演示效果。

2. 观众自行浏览

观众自行浏览是指由观众自己使用计算机观看演示文稿。如果希望让观众自行浏览演示文稿，可以将演示文稿的放映设置成此类型。

下面介绍设置让观众自行浏览"公司宣传简介"演示文稿的具体操作步骤。

❶ 单击【幻灯片放映】选项卡下【设置】组中的【设置幻灯片放映】按钮，弹出【设置放映方式】对话框。在【放映类型】区域选中【观众自行浏览（窗口）】单选按钮；在【放映幻灯片】区域选中【从 …… 到 ……】单选按钮，并在第 2 个微调框中输入"4"，设置从第 1 页到第 4 页幻灯片的【放映类型】为【观众自行浏览（窗口）】，单击【确定】按钮，如下图所示。

❷ 按【F5】键放映演示文稿。可以看到前 4 页幻灯片以窗口的形式出现，并且在最下方显示状态栏，如下图所示。按【Esc】键可结束放映状态。

3. 在展台浏览

在展台浏览是指让演示文稿自动放映，不需要演讲者操作。有些场合需要让演示文稿自动放映，例如在展览会上进行产品展示等。

打开演示文稿，单击【幻灯片放映】选项卡下【设置】组中的【设置幻灯片放映】按钮，在弹出的【设置放映方式】对话框的【放映类型】区域选中【在展台浏览（全屏幕）】单选按钮，如右图所示。

 提示 可以将演示文稿设置为当参观者查看完整个演示文稿后或者演示文稿保持闲置状态达到一段时间后，自动返回至演示文稿首页。这样就不必时刻守着展台了。

11.1.2 通过缩放定位查找需要的内容

使用 PowerPoint 的缩放定位功能，可以在演示文稿中快速查找需要的内容，并能对页面中的某个对象进行放大演示。

缩放定位功能分为摘要缩放定位、节缩放定位及幻灯片缩放定位 3 种。下面分别介绍它们各自的用法。

1. 摘要缩放定位

使用摘要缩放定位功能，选择几张关键的幻灯片创建一个摘要页，在放映演示文稿时可以随意、反复地跳转到要查看的幻灯片，而且不会中断演示文稿的放映，具体操作步骤如下。

❶ 打开"素材 \ch11\ 公司宣传简介 .pptx"文件。单击【插入】选项卡下【链接】组中的【缩放定位】按钮，在弹出的下拉列表中选择【摘要缩放定位】选项，如下图所示。

❷ 在弹出的【插入摘要缩放定位】对话框中，分别勾选第 1、3、5、7、9 张幻灯片前的复选框，单击【插入】按钮，如下图所示。

插入一张摘要幻灯片，并将其他幻灯片分节显示，如下图所示。

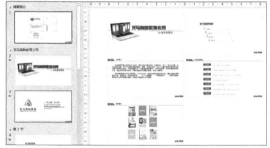

❸ 按【F5】键放映演示文稿，单击摘要部分中的幻灯片缩略图，这里单击"公司简介"幻灯片缩略图，开始放映"公司简介"幻灯片，当"公司简介"幻灯片放映完毕后，单击可返回摘要幻灯片，再选择其他的幻灯片进行放映，如下图所示。

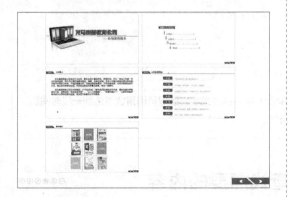

2. 节缩放定位

节缩放定位功能与摘要缩放定位功能类似，但在使用节缩放定位功能之前，需要先将幻灯片分节显示。前面使用摘要缩放定位功能时已自动将幻灯片分节显示，这里就接着上面的内容继续操作。

❶ 选中要插入节缩放定位的幻灯片，这里选择第3张幻灯片。单击【插入】选项卡下【链接】组中的【缩放定位】按钮，在弹出的下拉列表中选择【节缩放定位】选项，如下图所示。

❷ 在弹出的【插入节缩放定位】对话框中，勾选【第6节: 图书展示】复选框，单击【插入】按钮，如右上图所示。

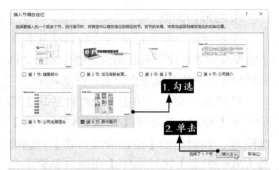

❸ 在第3张幻灯片中选择要插入的缩略图，并将其移动到合适的位置，如下图所示。

❹ 按【Shift+F5】组合键放映当前幻灯片，然后单击插入的幻灯片缩略图，即可对该节幻灯片进行演示。当演示到该节的最后一张幻灯片时，单击可返回第3张幻灯片，如下图所示。

3. 幻灯片缩放定位

使用幻灯片缩放定位功能可以使幻灯片的演示更加灵活，可以任意选择幻灯片进行放映，而不需要中断演示流程，具体操作步骤如下。

❶ 接上面的内容操作。选中第4张幻灯片，单击【插入】选项卡下【链接】组中的【缩放定位】按钮，在弹出的下拉列表中选择【幻

灯片缩放定位】选项，如下图所示。

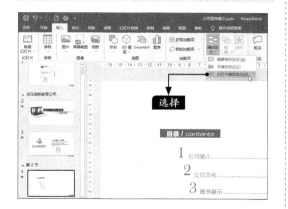

② 在弹出的【插入幻灯片缩放定位】对话框中，分别勾选第 5、7、9 张幻灯片前的复选框，单击【插入】按钮，如右上图所示。

③ 选中的幻灯片缩略图均被插入第 4 张幻灯片中，调整缩略图的大小和位置，效果如下图所示。

> **提示** 设置幻灯片缩放定位时，也可以先选中第 4 张幻灯片，然后按住鼠标左键，在【幻灯片缩略图】窗格中将第 5 张幻灯片拖曳至第 4 张幻灯片的【幻灯片】编辑窗格中。

11.1.3 设置幻灯片的放映方式

默认情况下，演示文稿是从头开始放映的。用户可以根据实际需要，设置演示文稿的放映方式，如从当前幻灯片开始。

1. 从头开始

演示文稿一般从头开始放映，设置演示文稿从头开始放映的具体操作步骤如下。

① 打开"素材 \ch11\ 公司宣传简介 .pptx"文件，单击【幻灯片放映】选项卡下【开始放映幻灯片】组中的【从头开始】按钮或按【F5】键，如下图所示。

② 从头开始播放幻灯片，单击或者按【Enter】

键、【Space】键，可切换到下一张幻灯片，如下图所示。

> **提示** 按上、下、左、右方向键也可以切换幻灯片。

2. 从当前幻灯片开始

在放映"公司宣传简介"演示文稿时，

可以选择从当前幻灯片开始放映，具体操作步骤如下。

❶ 选中第 4 张幻灯片，单击【幻灯片放映】选项卡下【开始放映幻灯片】组中的【从当前幻灯片开始】按钮，或按【Shift+F5】组合键，如下图所示。

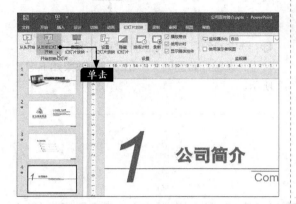

❷ 从当前幻灯片开始放映演示文稿，按【Enter】键或【Space】键切换到下一张幻灯片，如下图所示。

3. 自定义放映

利用 PowerPoint 的自定义放映功能，可以为演示文稿设置多种自定义放映方式。设置"公司宣传简介"演示文稿自动放映的具体操作步骤如下。

❶ 单击【幻灯片放映】选项卡下【开始放映幻灯片】组中的【自定义幻灯片放映】按钮，在弹出的下拉列表中选择【自定义放映】选项，如右上图所示。

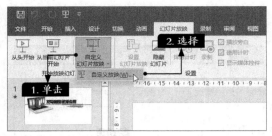

❷ 在弹出的【自定义放映】对话框中单击【新建】按钮，如下图所示。

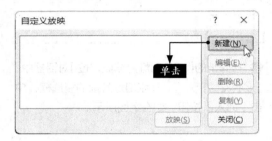

❸ 在弹出的【定义自定义放映】对话框的【在演示文稿中的幻灯片】列表框中选择需要放映的幻灯片，然后单击【添加】按钮，如下图所示。

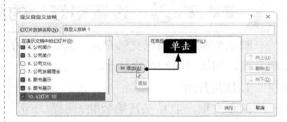

❹ 所选幻灯片被添加到【在自定义放映中的幻灯片】列表框中，在【幻灯片放映名称】文本框中输入名称，单击【确定】按钮，如下图所示。

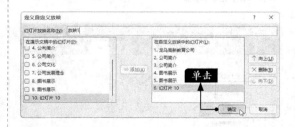

❺ 返回到【自定义放映】对话框，可以看到添加的自定义放映列表，单击对话框中的【放映】按钮，可按所设置的自定义放映方案放映

演示文稿，如下图所示。

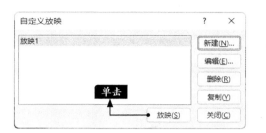

❻　另外，单击【幻灯片放映】选项卡下【开始放映幻灯片】组中的【自定义幻灯片放映】按钮，在弹出的下拉列表中选择【放映 1】选项，如下图所示。

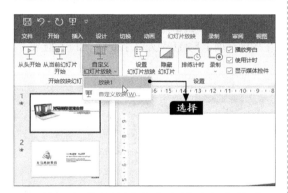

演示文稿会按该自定义放映方案放映，如下图所示。

4. 放映时隐藏指定幻灯片

可以将一张或多张幻灯片隐藏，这样在全屏放映演示文稿时就不会显示相应幻灯片，具体操作步骤如下。

❶　选中第 2 张幻灯片，单击【幻灯片放映】选项卡下【设置】组中的【隐藏幻灯片】按钮，如右上图所示。

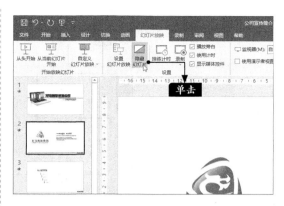

在【幻灯片缩略图】窗格中可以看到第 2 张幻灯片的编号为隐藏状态，如下图所示。在放映幻灯片时，第 2 张幻灯片不会出现。

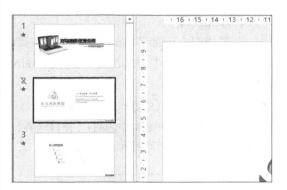

❷　如果要撤销隐藏，可以再次单击【隐藏幻灯片】按钮，如下图所示。

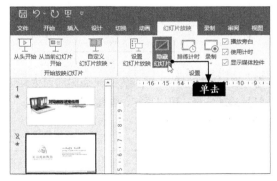

隐藏的幻灯片会重新显示出来，如下页图所示。

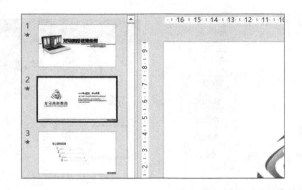

11.1.4 在幻灯片中添加和编辑注释

放映演示文稿时，为了方便演讲，可以在幻灯片上添加注释。

1. 添加注释

为了使观众更加了解幻灯片要表达的意思，可以向幻灯片中添加注释。添加注释的具体操作步骤如下。

❶ 按【F5】键放映幻灯片，在页面中单击鼠标右键，在弹出的快捷菜单中选择【指针选项】下的【笔】命令，如下图所示。

❷ 当鼠标指针的形状变为一个点时即可为幻灯片添加注释，可以写字、画图、标记重点等，如下图所示。

❸ 单击鼠标右键，在弹出的快捷菜单中选择【指针选项】下的【荧光笔】命令，如下图所示。

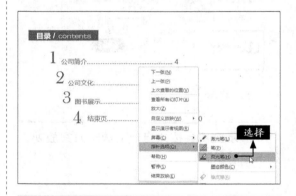

❹ 单击鼠标右键，在弹出的快捷菜单中选择【指针选项】下的【墨迹颜色】命令，在【墨迹颜色】列表中选择一种颜色，如选择【蓝色】选项，如下图所示。

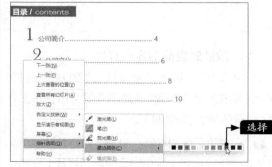

❺ 使用绘图笔在幻灯片中添加注释，此时绘图笔的颜色为蓝色，如下图所示。

2. 擦除注释

如果注释添加错误，或是演示文稿放映结束，可以将注释擦除，具体操作步骤如下。

❶ 单击幻灯片左下角的 ⊘ 按钮，如下图所示，在弹出的下拉列表中选择【橡皮擦】选项。

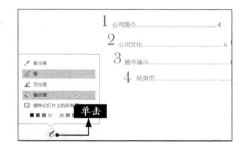

❷ 此时鼠标指针变为 ✎ 形状，将其移至要擦除的注释上，如下图所示。

❸ 单击即可将注释擦除，如右上图所示。

> 📝 **提示** 单击鼠标右键，在弹出的快捷菜单中选择【指针选项】下的【擦除幻灯片上的所有墨迹】命令，可将幻灯片中添加的所有墨迹擦除，如下图所示。

3. 保留墨迹注释

对于在放映演示文稿时添加的墨迹注释，用户可以根据需求决定是否将其保留在幻灯片中，如要保存，具体操作步骤如下。

❶ 按【Esc】键退出放映时，会弹出下图所示的对话框，单击【保留】按钮。

❷ 重新打开幻灯片，可看到保留的墨迹注释，如下图所示。

221

11.1.5 让演示文稿自动记录演示时间

在公众场合放映演示文稿时，需要掌握好时间，以达到预期的效果。

1. 排练计时

在公共场合放映演示文稿时需要掌握好时间，因此需要提前测试放映演示文稿的时间。对"公司宣传简介"演示文稿进行排练计时的具体操作步骤如下。

❶ 打开素材文件，单击【幻灯片放映】选项卡下【设置】组中的【排练计时】按钮，如下图所示。

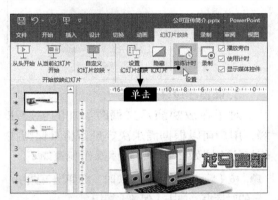

系统会自动切换到放映模式，并弹出【录制】对话框，【录制】对话框会自动计算当前幻灯片的排练时间，单位为秒，如下图所示。

在【录制】对话框中可看到排练时间，如下图所示。

❷ 排练完成后，系统会显示一个提示对话框，其中显示了完成当前幻灯片放映的总时间，单击【是】按钮，完成幻灯片的排练计时，如下图所示。

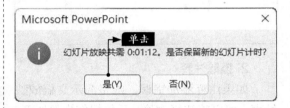

❸ 返回幻灯片，单击【幻灯片浏览】按钮，可看到各张幻灯片的放映时长，如下图所示。

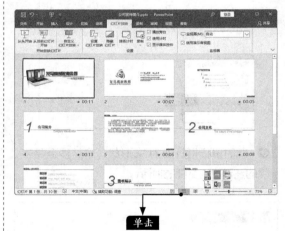

2. 录制幻灯片演示

制作者对演示文稿的相关注释都可以使用录制幻灯片演示功能记录下来，具体操作步骤如下。

❶ 单击【幻灯片放映】选项卡下【设置】组中【录制】按钮下方的下拉按钮，在弹出的下拉列表中选择【从头开始】或【从当前幻灯片开始】选项。这里选择【从头开始】选项，如下页图所示。

❷ 单击左上角的【录制】按钮，如下图所示。

❸　录制完成后单击退出。返回演示文稿窗口且 PowerPoint 会自动切换到幻灯片浏览视图。该视图中显示了每张幻灯片的演示计时，如下图所示。

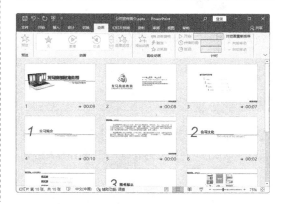

开始录制幻灯片演示，如右上图所示。

11.2 打印演示文稿

演示文稿的打印主要包括打印当前幻灯片以及在一张纸上打印多张幻灯片等操作。

11.2.1 打印当前幻灯片

打印当前幻灯片的具体操作步骤如下。

❶ 选中要打印的幻灯片，这里选中第 2 张幻灯片，如下页图所示。

❷ 选择【文件】选项卡下的【打印】选项，右侧会显示打印预览效果，如下图所示。

❸ 在【打印】界面的【设置】区域单击【打印全部幻灯片】下拉列表框，在弹出的下拉列

表中选择【打印当前幻灯片】选项，如下图所示。

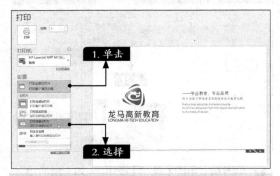

❹ 右侧的打印预览区域会显示所选的第 2 张幻灯片，单击【打印】按钮即可打印，如下图所示。

11.2.2 在一张纸上打印多张幻灯片

可以在一张纸上打印多张幻灯片，具体操作步骤如下。

在打开的演示文稿中选择【文件】选项卡，选择【打印】选项。在【设置】区域单击【整页幻灯片】下拉列表框，在弹出的下拉列表中选择【9 张水平放置的幻灯片】选项，如下图所示。

右侧打印预览区域的一张纸上显示了 9 张幻灯片，如下图所示。

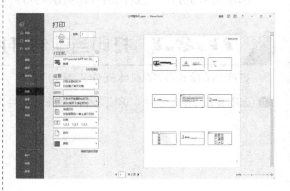

第4篇
高手秘籍

第

12

章

高手进阶：Office 的实战应用

本章导读

　　本章以实际案例和经验为依托，帮助读者深入了解如何有效地应用 Word、Excel 和 PPT 提高实际工作中的办公效率。

重点内容

✚ 制作求职信息登记表
✚ 排版产品使用说明书
✚ 制作项目成本预算分析表
✚ 制作产品销售分析图表
✚ 制作沟通技巧演示文稿
✚ 制作产品销售计划演示文稿

12.1 制作求职信息登记表

人力资源管理部门通常会制作求职信息登记表并将其打印出来，以便求职者填写。

 12.1.1 页面设置

制作求职信息登记表之前，首先需要设置页面，具体操作步骤如下。

❶ 新建一个 Word 文档，命名为"求职信息登记表 .docx"，将其打开。单击【布局】选项卡【页面设置】组中的【页面设置】按钮 ，如下图所示。

❷ 弹出【页面设置】对话框，在【页边距】选项卡中设置【上】边距值为【2.5 厘米】、【下】边距值为【2.5 厘米】、【左】边距值为【1.5 厘米】、【右】边距值为【1.5 厘米】，如下图所示。

❸ 在【纸张】选项卡中的【纸张大小】区域设置【宽度】为【20.5 厘米】、【高度】为【28.6 厘米】，单击【确定】按钮，完成页面设置，如下图所示。

效果如下图所示。

12.1.2 绘制整体框架

要使用表格制作求职信息登记表，需要绘制表格的整体框架，具体操作步骤如下。

❶ 在绘制表格的整体框架之前，需要先输入求职信息表的标题，这里输入"求职信息登记表"，设置字体为【楷体】、字号为【小二】，设置"加粗"效果并进行居中显示，如下图所示。

❷ 打开【段落】对话框，设置标题的【段后】为【1行】，单击【确定】按钮，如下图所示。

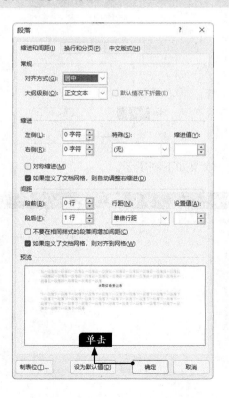

设置后的效果如下图所示。

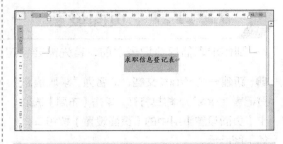

❸ 将光标定位到标题末尾，按【Enter】键，设置新的行左对齐，清除格式，然后单击【插入】选项卡【表格】组中的【表格】按钮，在弹出的下拉列表中选择【插入表格】选项，如下图所示。

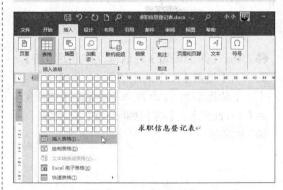

❹ 弹出【插入表格】对话框，在【表格尺寸】区域中设置【列数】为【1】、【行数】为【7】，单击【确定】按钮，如下图所示。

❺ 插入一个 7 行 1 列的表格，如右图所示。

12.1.3　细化表格

绘制好表格整体框架之后，就可以通过拆分单元格来细化表格，具体操作步骤如下。

❶ 将光标置于第 1 行的单元格中，单击【表格工具 - 布局】选项卡【合并】组中的【拆分单元格】按钮 拆分单元格，如下图所示。

❷ 在弹出的【拆分单元格】对话框中，设置【列数】为【8】、【行数】为【5】，单击【确定】按钮，如下图所示。

完成第 1 行单元格的拆分，效果如下图所示。

❸ 选中第 4 行的第 2 列和第 3 列单元格，单击【表格工具 - 布局】选项卡【合并】组中的【合并单元格】按钮 合并单元格，如下图所示。

将其合并为一个单元格，效果如下图所示。

❹ 使用同样的方法合并第 4 行的第 5 列和第 6 列单元格。合并第 5 行第 2 列和第 3 列单元格、第 5 列和第 6 列单元格。将第 7 行单元格拆分为 4 行 6 列，效果如下页图所示。

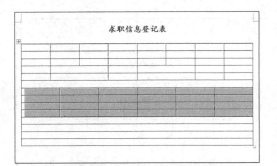

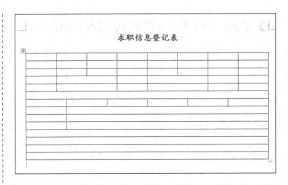

❺ 合并第 8 行的第 2 列至第 6 列单元格，分别合并第 9、10 行的第 2 列至第 6 列单元格，效果如右图所示。

❻ 将第 12 行单元格拆分为 5 行 3 列，表格的细化操作就完成了，最终效果如下图所示。

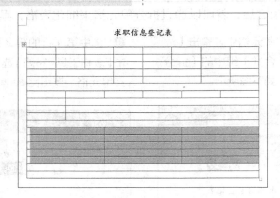

12.1.4 输入文本内容

完成单元格划分之后，便可根据需要向单元格中输入相关的文本内容。

❶ 在"求职信息登记表 .docx"中输入相关内容，如下图所示。

❷ 选中表格内的所有文本，设置字体为【等线】、字号为【四号】、对齐方式为【居中】，如右图所示。

❸ 为第 6 行、第 11 行和第 17 行中的文字设置"加粗"效果，如下图所示。

❹ 根据需要调整表格的行高及列宽，使其布局更合理，并占满整个页面，效果如下图所示。

12.1.5 美化表格

制作完求职信息登记表的基本框架之后，就可以对表格进行美化操作，具体操作步骤如下。

❶ 选中整个表格，单击【表格工具 -表设计】选项卡下【表格样式】组中的【其他】按钮，在弹出的下拉列表中选择一种表格样式，如下图所示。

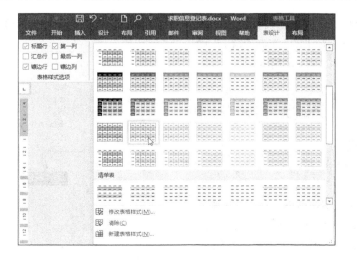

❷ 设置表格样式后，可根据情况调整文本字体，效果如下图所示。

至此，求职信息登记表的制作就完成了。

12.2 排版产品使用说明书

产品使用说明书是一种常见的文档，是生产厂家向消费者全面、明确地介绍产品名称、用途、性质、性能、原理、构造、规格、使用方法、保养维护方法、注意事项等内容而编写的准确、简明的文字材料，可以起到宣传产品、扩大消息传播范围和传播知识的作用。

12.2.1 设计页面大小

新建 Word 空白文档时，默认情况下纸张大小为"A4"。编排产品使用说明书时，首先要设置页面的大小，具体操作步骤如下。

❶ 打开"素材\ch12\产品使用说明书.docx"文件，单击【布局】选项卡的【页面设置】组中的【页面设置】按钮，如下图所示。

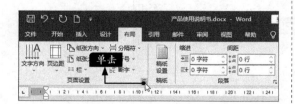

❷ 弹出【页面设置】对话框，在【页边距】选项卡下设置【上】和【下】页边距为【1.4 厘米】，【左】和【右】页边距为【1.3 厘米】，

设置【纸张方向】为【横向】，如下图所示。

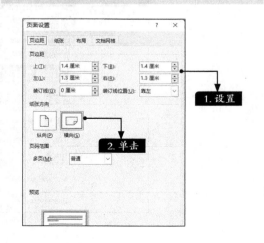

❸　在【纸张】选项卡下的【纸张大小】下拉
列表中选择【自定义大小】选项，并设置宽度
为【14.8 厘米】、高度为【10.5 厘米】，如
下图所示。

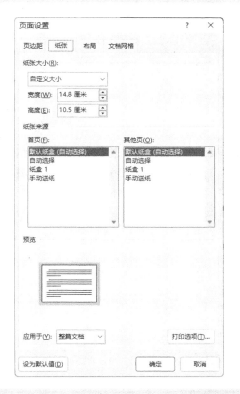

❹　在【布局】选项卡下的【页眉和页脚】区
域中勾选【首页不同】复选框，并设置页眉和
页脚距边界的距离为【1 厘米】，单击【确定】
按钮，如右上图所示。

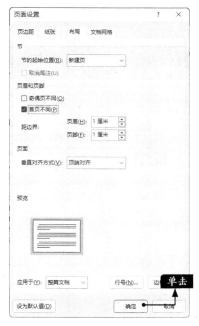

设置后的效果如下图所示。

12.2.2　产品使用说明书内容的格式化

输入产品使用说明书内容后就可以根据需要分别格式化标题和正文内容。产品使用说明
书内容格式化的具体操作步骤如下。

1. 设置标题样式

❶　选中第 1 行的标题，单击【开始】选项卡下【样式】组中的【其他】按钮⦿，在弹出的下拉列表

中选择【标题】选项，如下图所示。

效果如下图所示。

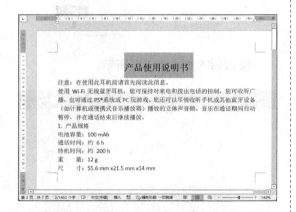

② 选中"1.产品规格"段落，单击【开始】选项卡下【样式】组中的【其他】按钮▽，在弹出的下拉列表中选择【创建样式】选项，如下图所示。

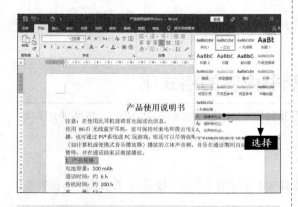

③ 弹出【根据格式化创建新样式】对话框，

在【名称】文本框中输入样式名称，单击【修改】按钮，如下图所示。

④ 展开【根据格式化创建新样式】对话框，在【样式基准】下拉列表中选择【（无样式）】选项，设置字体为【黑体】、字号为【五号】，单击左下角的【格式】按钮，在弹出的下拉列表中选择【段落】选项，如下图所示。

⑤ 弹出【段落】对话框，在【常规】区域中设置【大纲级别】为【1级】，在【间距】区域中设置【段前】为【1行】、【段后】为【0.5行】、【行距】为【单倍行距】，单击【确定】按钮，如下页图所示。

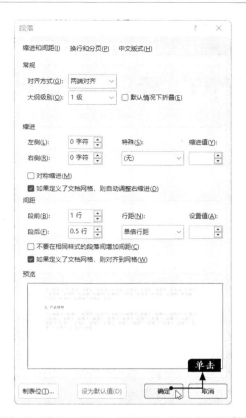

❻ 返回【根据格式化创建新样式】对话框，单击【确定】按钮，如下图所示。

设置样式后的效果如右上图所示。

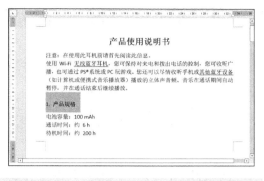

❼ 选中"2.充电"，单击【开始】选项卡下【样式】组中的【其他】按钮，在弹出的下拉列表中选择【一级标题】选项，如下图所示。

❽ 使用同样的方法，为同类标题应用样式，效果如下图所示。

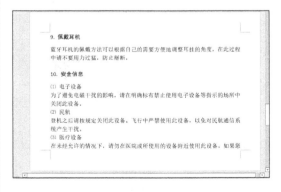

2. 设置正文字体及段落样式

❶ 选中第 2 段和第 3 段的内容，在【开始】选项卡下的【字体】组中根据需要设置正文的字体和字号，如下页图所示。

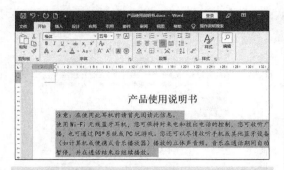

❷ 单击【开始】选项卡下【段落】组中的【段落】按钮┗，在弹出的【段落】对话框的【缩进和间距】选项卡中设置【特殊】为【首行】、【缩进值】为【2字符】，单击【确定】按钮，如下图所示。

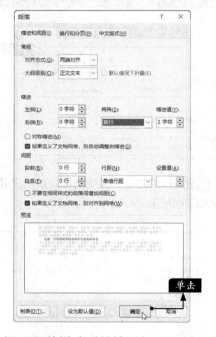

设置段落样式后的效果如下图所示。

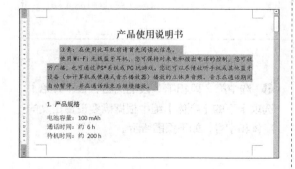

❸ 使用格式刷设置其他正文段落的样式，如下图所示。

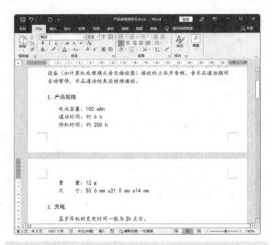

❹ 在编排产品使用说明书的过程中，如果有需要用户特别注意的地方，可以将其用特殊的字体或者颜色标示出来，如选中第一页的"注意："文本，将其字体颜色设置为红色，并将其加粗显示，如下图所示。

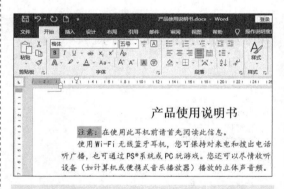

❺ 使用同样的方法设置其他文本，如下图所示。

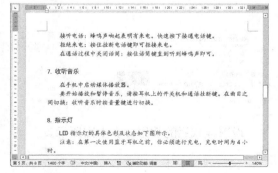

❻ 选中最后 7 段文本，将其字体设置为【华文中宋】，字号设置为【五号】，如下图所示。

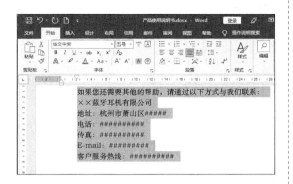

3. 添加项目符号和编号

❶ 选中"4. 为耳机配对"标题下的部分内容，单击【开始】选项卡下【段落】组中【编号】下拉按钮，在弹出的下拉列表中选择一种编号样式，如下图所示。

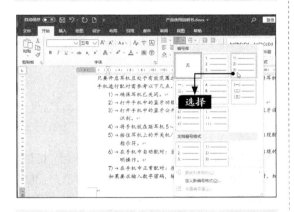

❷ 添加编号后，可根据情况调整段落格式，调整后的效果如右上图所示。

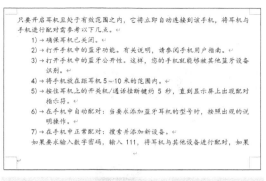

只要开启耳机且处于有效范围之内，它将立即自动连接到该手机，将耳机与手机进行配对需参考以下几点。

1）→ 确保耳机已关闭。
2）→ 打开手机中的蓝牙功能。有关说明，请参阅手机用户指南。
3）→ 打开手机中的蓝牙公开性。这样，您的手机就能够被其他蓝牙设备识别。
4）→ 将手机放在距耳机 5～10 米的范围内。
5）→ 按住耳机上的开关机/通话挂断键约 5 秒，直到显示屏上出现配对指示符。
6）→ 在手机中自动配对：当要求添加蓝牙耳机的型号时，按照出现的说明操作。
7）→ 在手机中正常配对：搜索并添加新设备。

如果要求输入数字密码，输入 111，将耳机与其他设备进行配对，如果

❸ 选中"6. 通话"标题下的部分内容，单击【开始】选项卡下【段落】组中【项目符号】下拉按钮，在弹出的下拉列表中选择一种项目符号样式，如下图所示。

添加项目符号后的效果如下图所示。

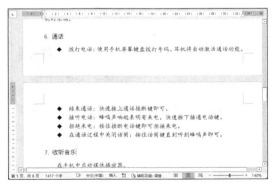

12.2.3 设置图文混排

在产品使用说明书中添加图片不仅能够直观地展示文字描述效果，便于用户理解，还能美化文档。

❶ 将光标定位至"2. 充电"文本后，单击【插入】选项卡下【插图】组中的【图片】按钮，在弹

出的下拉列表中选择【此设备】选项，如下图所示。

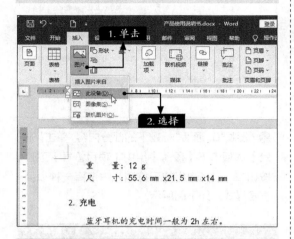

❷ 在弹出的【插入图片】对话框中选择"素材\ch12\产品使用说明书\图片 01.png"，单击【插入】按钮，如下图所示。

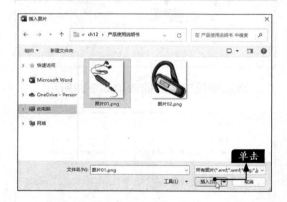

选择的图片插入文档中，如下图所示。

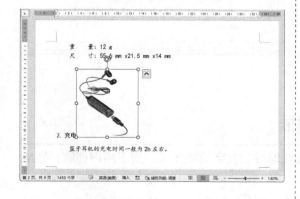

❸ 选中插入的图片，单击图片右侧的【布局选项】按钮，将图片布局设置为【四周型】，如下图所示。

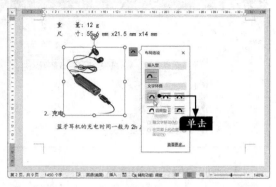

❹ 调整图片的大小和位置，效果如下图所示。

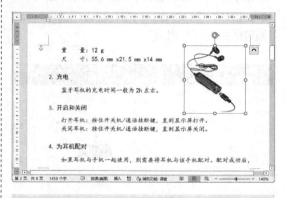

❺ 将光标定位至"8. 指示灯"文本后，重复步骤❶～步骤❹，插入"素材\ch12\产品使用说明书\图片 02.png"，并调整图片的大小和位置，效果如下图所示。

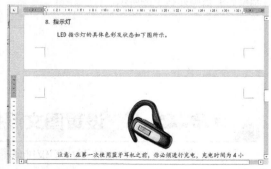

12.2.4　插入页眉和页脚

页眉和页脚可以向用户传递文档信息，方便用户阅读。在文档中插入页眉和页脚的具体操作步骤如下。

❶ 制作产品使用说明书时，需要将某些特定的内容用单独一页显示，这时就需要插入分页符。将光标定位在"产品使用说明书"文本后方，单击【插入】选项卡下【页面】组中的【分页】按钮分页，如下图所示。

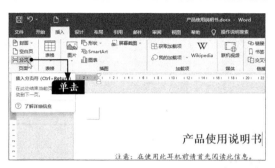

可看到标题用单独一页显示的效果，如下图所示。

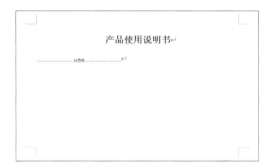

❷ 调整"产品使用说明书"文本的段前间距，使其位于页面的中间，如下图所示。

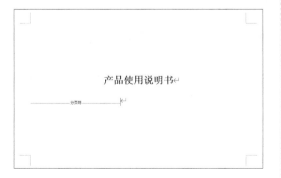

❸ 使用同样的方法，在其他需要用单独一页显示的内容后插入分页符，如下图所示。

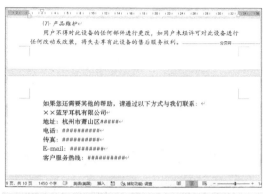

❹ 将光标定位在第 2 页中，单击【插入】选项卡的【页眉和页脚】组中的【页眉】按钮页眉，在弹出的下拉列表中选择【空白】选项，如下图所示。

❺ 在页眉的【文档标题】文本域中输入"产品使用说明书"，如下图所示。

⑥ 单击【页眉和页脚工具 - 页眉和页脚】选项卡下【页眉和页脚】组中的【页码】按钮，在弹出的下拉列表中选择【页面底端】→【普通数字2】选项，如下图所示。

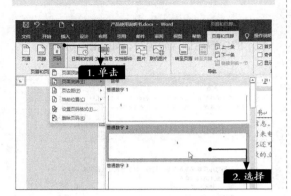

⑦ 在页面中可看到添加页码后的效果，单击【关闭页眉和页脚】按钮，如下图所示，返回文档编辑模式。

12.2.5 提取目录

设置完段落大纲级别并且添加页码后，就可以提取目录了，具体操作步骤如下。

❶ 将光标定位在第2页最后，单击【插入】选项卡下【页面】组中的【空白页】按钮，如下图所示，插入一个空白页。

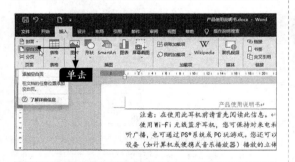

❷ 在插入的空白页中输入"目录"，并设置字体样式，如下图所示。

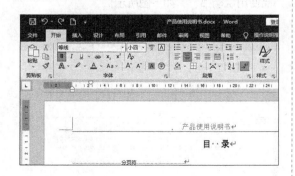

❸ 单击【引用】选项卡下【目录】组中的【目录】按钮，在弹出的下拉列表中选择【自定义目录】选项，如下图所示。

❹ 弹出【目录】对话框，在【目录】选项卡中设置【显示级别】为【2】，勾选【显示页码】和【页码右对齐】复选框。单击【确定】按钮，如下页图所示。

提取目录后的效果如下图所示。

❺ 由于为首页中的"产品使用说明书"文本设置了大纲级别，所以在提取目录时可以将其以标题的形式提出。如果要取消其在目录中的显示，可以选中文本后右击，在弹出的快捷菜单中选择【段落】命令，打开【段落】对话框，在【常规】区域中设置【大纲级别】为【正文文本】，单击【确定】按钮，如下图所示。

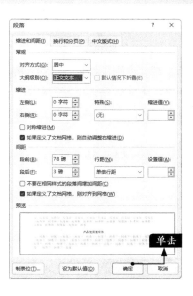

❻ 选中目录并右击，在弹出的快捷菜单中选择【更新域】命令，如下图所示。

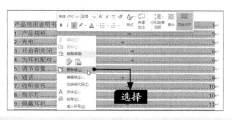

❼ 弹出【更新目录】对话框，选中【更新整个目录】单选按钮，单击【确定】按钮，如下图所示。

❽ 调整字体的格式，更新目录后的效果如下图所示。

❾ 适当调整文档并保存，最终效果如下图所示。

至此，产品使用说明书的编排操作就完成了。

12.3 制作项目成本预算分析表

制作一个清晰的项目成本预算分析表有利于进行项目分析，发现潜在问题，研究可行性对策，规避市场风险，从而确保项目顺利完成。

一个完整的项目成本预算分析表应包括项目名称、项目类别、项目工期、项目具体内容、参与人员、项目各项金额及详细情况说明等。本节制作的项目成本预算分析表是基础且常用的工作表，其内容相对简单。

12.3.1 为预算分析表添加数据验证

添加数据验证的具体操作步骤如下。

❶ 打开"素材 \ch12\ 项目成本预算分析表 .xlsx"文件，如下图所示。

❷ 选中 B3:D11 单元格区域，单击【数据】选项卡下【数据工具】组中的【数据验证】按钮 数据验证 ，在弹出的下拉列表中选择【数据验证】选项，如下图所示。

❸ 弹出【数据验证】对话框，在【设置】区

域的【允许】下拉列表中选择【整数】选项，在【数据】下拉列表中选择【介于】选项，设置【最小值】为【500】，设置【最大值】为【10000】，单击【确定】按钮，如下图所示。

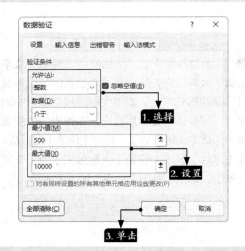

❹ 设置完成，返回工作表，当输入的数字不符合要求时，Excel 会弹出警告对话框，如下图所示。

❺ 在工作表中输入正确的数据，如下图所示。

12.3.2　计算合计预算

计算合计预算的具体操作步骤如下。

❶ 选中 B12:D12 单元格区域，并在编辑栏中输入"=SUM(B3:B11)"，如下图所示。

❷ 按【Ctrl+Enter】组合键，计算 B12:D12 单元格区域的合计项，如下图所示。

12.3.3　美化工作表

本小节主要介绍添加样式和边框以美化工作表的具体方法。

❶ 选中 A2:D2 单元格区域，单击【开始】选项卡下【样式】组中的【其他】按钮，在弹出的下拉列表中选择一种单元格样式，如下图所示。

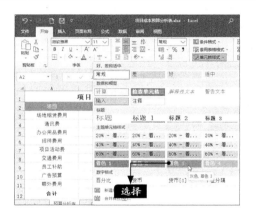

为选中的单元格添加样式后的效果如下图所示。

	A	B	C	D
1	项目成本预算分析表			
2	项目	项目1	项目2	项目3
3	场地租赁费用	1500	1200	1600
4	通讯费	800	700	500

❷ 选中 A2:D12 单元格区域，按【Ctrl+1】组合键，打开【设置单元格格式】对话框，单击【边框】选项卡，在【样式】列表框中选择一种线条样式，并设置边框的颜色，选择需要设置边框的位置，单击【确定】按钮，如下页图所示。

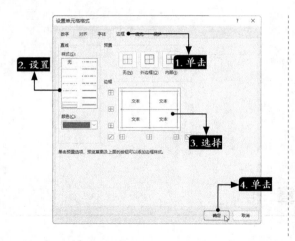

为工作表添加边框后的效果如下图所示。

12.3.4 预算数据的筛选

在处理预算表时，可以根据条件筛选数据，具体操作步骤如下。

❶ 选中任意单元格，按【Shift+Ctrl+L】组合键，标题行每列的右侧出现一个下拉按钮▾，如下图所示。

❷ 单击"项目1"列标题右侧的下拉按钮▾，在弹出的下拉列表中选择【数字筛选】下的【大于】选项，如下图所示。

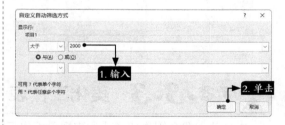

❸ 弹出【自定义自动筛选方式】对话框，在【大于】右侧的文本框中输入"2000"，单击【确定】按钮，如下图所示。

预算费用大于 2000 元的项目会被筛选出来，如下图所示。至此，项目成本预算分析表就制作完成了。

12.4 制作产品销售分析图表

在对产品的销售数据进行分析时，除了对数据本身进行分析外，还经常使用图表来直观地展示产品销售状况，以及使用函数预测其他销售数据。产品销售分析图表的具体制作步骤如下。

12.4.1　插入销售图表

图表是 Excel 中最常用的呈现数据的方式之一，它可以直观地反映数据在不同条件下的变化及趋势。下面介绍如何在工作中插入销售图表，具体操作步骤如下。

❶ 打开"素材 \ch12\ 产品销售统计表 .xlsx"文件，选中 B2:B11 单元格区域。单击【插入】选项卡下【图表】组中的【插入折线图或面积图】按钮 ⋌⋋ ，在弹出的下拉列表中选择【带数据标记的折线图】选项，如下图所示。

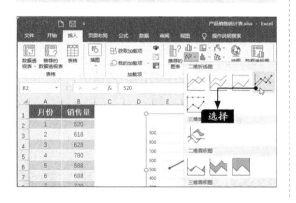

❷ 在工作表中插入图表，调整图表到合适的位置，如下图所示。

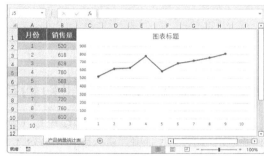

12.4.2　设置图表格式

插入图表后，还需要对图表格式进行设置。设置图表格式可以使图表更美观、数据更清晰。下面对图表格式进行设置，具体操作步骤如下。

❶ 选中图表，单击【图表工具 -图表设计】选项卡下【图表样式】组中的【其他】按钮 ⹃ ，在弹出的下拉列表中选择一种图表样式，如右图所示。

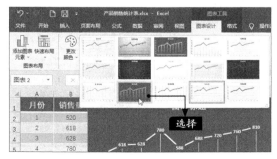

更改样式后的图表如下图所示。

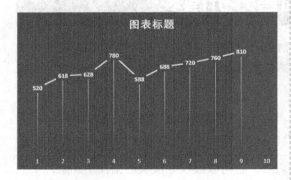

❷ 选中图表的标题文字，单击【格式】选项卡下【艺术字样式】组中的【其他】按钮⊡，在弹出的下拉列表中选择一种艺术字样式，如右上图所示。

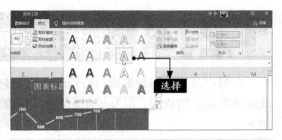

❸ 将图表标题改为"产品销售分析图表"，添加的艺术字效果如下图所示。

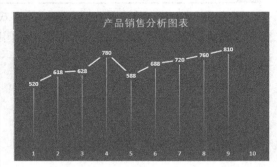

12.4.3 添加趋势线

在分析图表中，常使用趋势线进行预测研究。下面通过前 9 个月的销售情况，对 10 月的销量进行分析和预测，具体操作步骤如下。

❶ 选中图表，单击【图表工具 -图表设计】选项卡下【图表布局】组中的【添加图表元素】按钮，在弹出的下拉列表中选择【趋势线】下的【线性】选项，如下图所示。

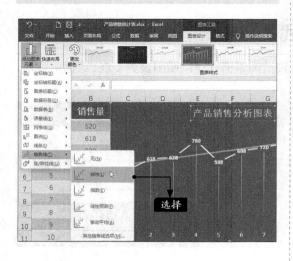

添加线性趋势线后的图表效果如下图所示。

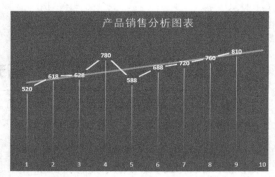

❷ 双击趋势线，工作表右侧弹出【设置趋势线格式】窗格，在此窗格中可以设置趋势线的填充线条、效果等，如下页图所示。

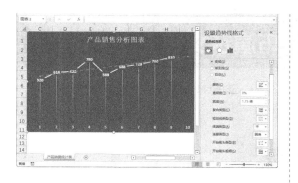

设置好趋势线线条并填充颜色后的效果如下图所示。

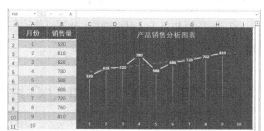

12.4.4 预测趋势量

除了添加趋势线来预测销量，还可以使用预测函数计算趋势量。下面使用 FORECAST 函数预测 10 月的销量，具体操作步骤如下。

❶ 选中单元格 B11，输入公式 "=FORECAST (A11,B2:B10,A2:A10)"，如下图所示。

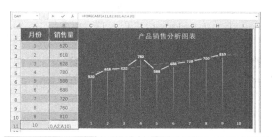

> **提示** 公式 "=FORECAST(A11,B2:B10,A2:A10)" 是根据已有的数值计算或预测未来值。"A11" 为进行预测的数据点，"B2:B10" 为因变量数组或数据区域，"A2:A10" 为自变量数组或数据区域。

❷ 按【Enter】键确认，得到 10 月销售量的预测结果，结果以整数形式显示出来，如下图所示。

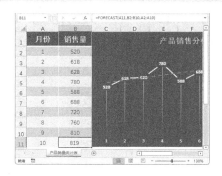

产品销售分析图的最终效果如下图所示，保存产品销售分析图。

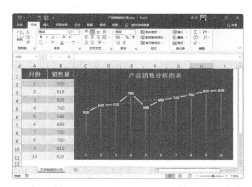

除了使用 FORECAST 函数预测销售量外，还可以单击【数据】选项卡下【预测】组中的【预测工作表】按钮，创建新的预测工作表来预测数据的趋势，【创建预测工作表】对话框如下图所示。

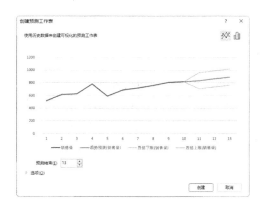

12.5 制作沟通技巧演示文稿

沟通是人与人之间思想与情感传递和反馈的过程。沟通是社会交际中必不可少的技能，沟通的效果直接影响着工作效率。

12.5.1 创建幻灯片母版

在此演示文稿中，除了首页幻灯片和结束页幻灯片外，其他所有幻灯片都需要在标题处放置一张关于沟通的图片。为了使版面美观，这里将版面的四角设置为弧形。设计幻灯片母版的具体操作步骤如下。

❶ 启动 PowerPoint，新建文档并另存为"沟通技巧 .pptx"，如下图所示。

❷ 单击【视图】选项卡下【母版视图】组中的【幻灯片母版】按钮，如下图所示。

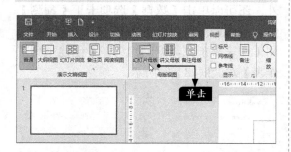

❸ 切换到幻灯片母版视图，选择第 1 张 Office 主题幻灯片，然后单击【插入】选项卡下【图像】组中的【图片】按钮，在弹出的下拉列表中选择【此设备】选项，如右上图所示。

❹ 在弹出的对话框中选择"素材 \ch12\ 背景 1.png"文件，单击【插入】按钮，如下图所示。

❺ 调整图片的位置，选中图片，单击鼠标右键，在弹出的快捷菜单中选择【置于底层】命令，如下页图所示。

❻ 将该图片置于底层，然后设置标题文本的字体、字号及颜色，效果如下图所示。

❼ 使用形状工具在幻灯片底部绘制一个矩形框，将其填充为蓝色（R:29，G:122，B:207）并置于底层，效果如下图所示。

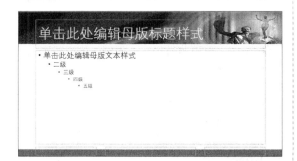

❽ 使用形状工具绘制一个圆角矩形，拖曳圆角矩形左上方的控制点，调整圆角角度。设置【形状填充】为【无填充】、【形状轮廓】为【白色】、【粗细】为【4.5 磅】，效果如右上图所示。

❾ 在左上角绘制一个正方形，设置【形状填充】和【形状轮廓】都为【白色】。选中正方形，单击鼠标右键，在弹出的快捷菜单中选择【编辑顶点】命令，删除右下角的顶点，并按住鼠标左键向左上方拖曳斜边中间的控制点，将其调整为下图所示的形状。

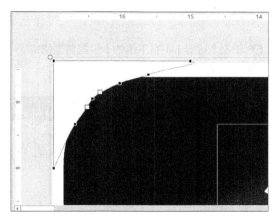

❿ 重复上面的操作，绘制并调整幻灯片其他角的形状。选中绘制的图形，单击鼠标右键，在弹出的快捷菜单中选择【组合】下的【组合】命令，将图形进行组合，效果如下图所示。

12.5.2 创建首页幻灯片

创建演示文稿的首页幻灯片的具体操作步骤如下。

❶ 在幻灯片母版视图中选中第2张幻灯片，勾选【幻灯片母版】选项卡下【背景】组中的【隐藏背景图形】复选框，将背景隐藏，如下图所示。

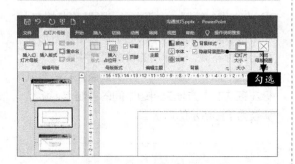

❷ 单击【背景】组右下角的【设置背景格式】按钮，如下图所示。

❸ 在弹出的【设置背景格式】窗格中的【填充】区域选中【图片或纹理填充】单选按钮，单击【插入】按钮，如下图所示。

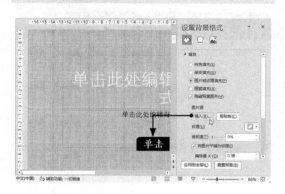

❹ 在弹出的【插入图片】对话框中选择【来自文件】选项，如下图所示。

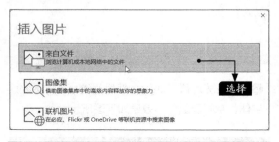

❺ 在弹出的【插入图片】对话框中，选择"素材\ch12\沟通技巧\首页.jpg"文件，单击【插入】按钮，如下图所示。

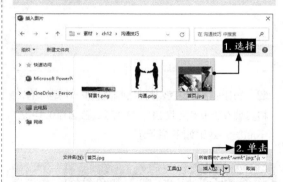

❻ 关闭【设置背景格式】窗格，设置背景后的幻灯片如下图所示。

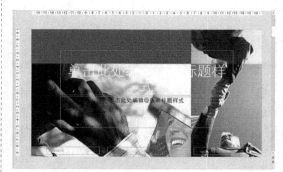

❼ 按照 12.5.1 小节步骤 ❽~步骤❿ 的操作绘制图形并组合，效果如下图所示。

❽ 单击【幻灯片母版】选项卡下【关闭】组中的【关闭母版视图】按钮 ⊠，如下图所示。

❾ 在幻灯片中单击，返回演示文稿的普通视图，如下图所示。

❿ 在幻灯片的标题文本框中输入"提升你的沟通技巧"，设置【字体】为【华文中宋】并添加"加粗"效果，调整文本框的大小与位置，删除副标题文本框，效果如下图所示。

12.5.3 创建图文幻灯片

创建图文幻灯片的具体操作步骤如下。

❶ 新建一张版式为【仅标题】的幻灯片，输入标题"为什么要沟通？"，效果如下图所示。

❷ 单击【插入】选项卡下【图像】组中的【图片】按钮 🖼，在弹出的下拉列表中选择【此设备】选项，插入"素材\ch12\沟通技巧\沟通.png"文件，并调整其位置，效果如下页图所示。

❸ 使用形状工具插入两个【思想气泡：云】形状，如下图所示。

❹ 选中云图形，单击鼠标右键，在弹出的快捷菜单中选择【编辑文字】命令，输入文本内容，根据需要设置文本样式，效果如下图所示。

❺ 新建一张版式为【标题和内容】的幻灯片，并输入标题"沟通有多重要？"，如下图所示。

❻ 单击内容文本框中的图表按钮，在弹出的【插入图表】对话框中选择【饼图】下的【三维饼图】选项，单击【确定】按钮，如下图所示。

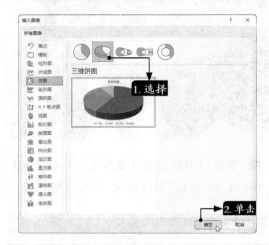

❼ 在打开的【Microsoft PowerPoint 中的图表】对话框中修改数据，如下图所示。

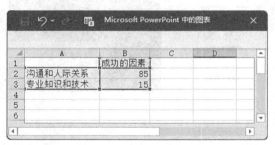

❽ 关闭【Microsoft PowerPoint 中的图表】对话框，幻灯片中插入图表，如下图所示。

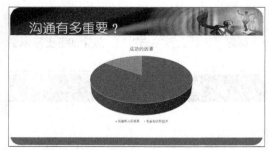

❾ 根据需要修改图表的样式，效果如下页图所示。

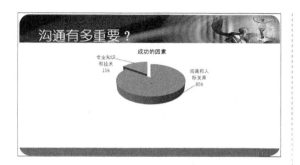

下图所示。

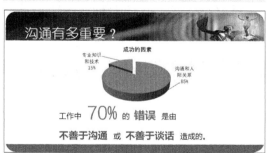

⑩ 在图表下方插入一个文本框，输入文本内容，并调整其字体、字号和颜色，最终效果如

 12.5.4 创建图形幻灯片

创建图形幻灯片的具体操作步骤如下。

1. 设计"沟通的重要原则"幻灯片

① 新建一张版式为【仅标题】的幻灯片，输入标题"沟通的重要原则"，如下图所示。

② 使用形状工具绘制图形，在【绘图工具 –形状格式】选项卡下的【形状样式】组中为图形设置样式，并根据需要为图形添加形状效果，如下图所示。

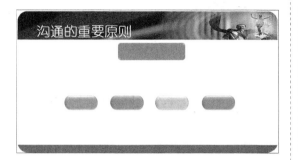

③ 绘制 4 个圆角矩形，设置【形状填充】为【无填充】，分别设置【形状轮廓】为灰色、橙色、黄色和绿色，并将它们置于底层，然后绘制直线将图形连接起来，如下图所示。

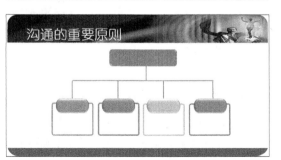

④ 分别选中各个图形并单击鼠标右键，在弹出的快捷菜单中选择【编辑文字】命令，输入文本，如下图所示。

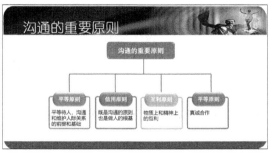

2. 设计"高效沟通的步骤"幻灯片

❶ 新建一张版式为【仅标题】的幻灯片，输入标题"高效沟通的步骤"，如下图所示。

❷ 单击【插入】选项卡下【插图】组中的【SmartArt】按钮，如下图所示。

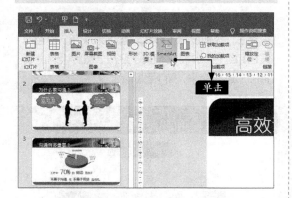

❸ 在弹出的【选择 SmartArt 图形】对话框中选择【连续块状流程】选项，单击【确定】按钮，如下图所示。

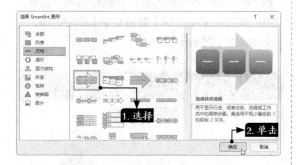

❹ 单击插入 SmartArt 图形，如右上图所示。

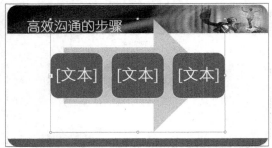

❺ 选中 SmartArt 图形，在【SmartArt 工具 – SmartArt 设计】选项卡下的【创建图形】组中多次单击【添加形状】按钮 添加形状 ，然后输入文本，并调整图形的大小，如下图所示。

❻ 选中 SmartArt 图形，单击【SmartArt 工具 –SmartArt 设计】选项卡下【SmartArt 样式】组中的【更改颜色】按钮，在弹出的下拉列表中选择【彩色轮廓 –个性色 3】选项，如下图所示。

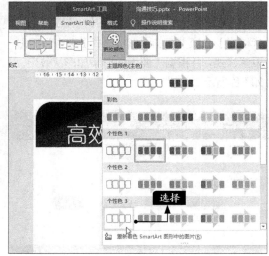

❼ 单击【SmartArt 样式】组中的【其他】按钮，在弹出的下拉列表中选择【嵌入】选项，如下图所示。

❽ 在 SmartArt 图形下方绘制 6 个圆角矩形，并应用蓝色形状样式，如下图所示。

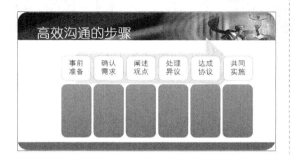

❾ 分别选中绘制的 6 个图形并单击鼠标右键，在弹出的快捷菜单中选择【设置对象格式】命令，打开【设置形状格式】窗格，单击【形状选项】

下的【大小与属性】按钮，在下方区域设置所有边距值为【0 厘米】，如下图所示。

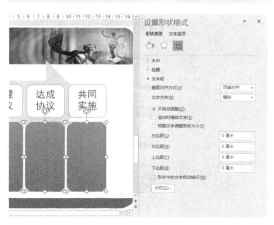

❿ 关闭【设置形状格式】窗格，在圆角矩形中输入文本，为文本添加 "√" 项目符号，并设置字体颜色为【白色】，如下图所示。

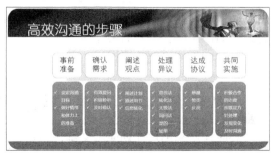

 12.5.5　创建结束页幻灯片

结束页幻灯片的背景和首页幻灯片一致，只是标题不同，具体操作步骤如下。

❶ 新建一张版式为【标题幻灯片】的幻灯片，如下图所示。

❷ 在标题文本框中输入"谢谢观看！"，并调整其字体和位置。至此，沟通技巧演示文稿就制作完成了，按【Ctrl+S】组合键保存，最终效果如下图所示。

12.6 制作产品销售计划演示文稿

从不同的层面可以将产品销售计划分为不同的类型：根据时间长短可以分为周销售计划、月度销售计划、季度销售计划、年度销售计划等，根据范围大小可以分为企业总体销售计划、分公司销售计划、个人销售计划等。

下面制作产品销售计划演示文稿。

12.6.1 创建幻灯片母版

要制作产品销售计划演示文稿，需要先设计幻灯片母版，具体操作步骤如下。

1. 设计幻灯片母版

❶ 启动 PowerPoint，新建演示文稿，并将其保存为"产品销售计划演示文稿 .pptx"。单击【视图】选项卡下【母版视图】组中的【幻灯片母版】按钮 ，如下图所示。

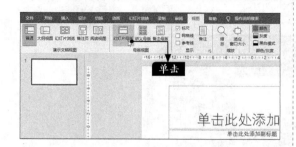

❷ 切换到幻灯片母版视图，选中第 1 张幻灯片，单击【插入】选项卡下【图像】组中的【图

片】按钮 ，在弹出的下拉列表中选择【此设备】选项，如下图所示。

❸ 在弹出的【插入图片】对话框中选择"素材 \ch12\ 产品销售计划 \ 图片 01.png"文件，单击【插入】按钮，将选择的图片插入幻灯片

中。选中插入的图片，调整图片的大小及位置，如下图所示。

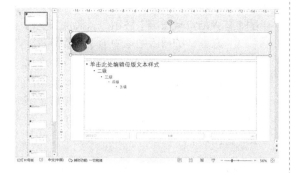

❹ 选中插入的背景图片，单击鼠标右键，在弹出的快捷菜单中选择【置于底层】→【置于底层】命令，将背景图片显示在底层，如下图所示。

❺ 单击【幻灯片母版】选项卡下【背景】组中的【颜色】按钮█ 颜色 ，在弹出的下拉列表中选择【视点】选项，如下图所示。

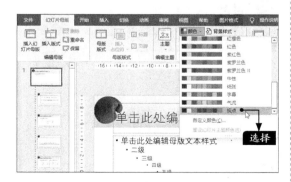

❻ 选中标题框内的文本，单击【绘图工具 - 形状格式】选项卡下【艺术字样式】组中的【快速样式】按钮，在弹出的下拉列表中选择一

种艺术字样式，如下图所示。

❼ 选中设置后的艺术字。设置【字体】为【华文楷体】、【字号】为【50】，设置【文本对齐】为【左对齐】，调整文本框的位置，如下图所示。

❽ 为标题框应用【擦除】动画效果，设置【效果选项】的【方向】为【自左侧】，如下图所示，设置【开始】为【上一动画之后】。

❾ 在幻灯片母版视图中选中第 2 张幻灯片，勾选【幻灯片母版】选项卡下【背景】组中的【隐藏背景图形】复选框，如下页图所示，删除文本框。

❿ 单击【插入】选项卡下【图像】组中的【图片】按钮，在弹出的下拉列表中选择【此设备】选项，在弹出的【插入图片】对话框中选择"素材\ch12\产品销售计划\图片02.png"和"素材\ch12\产品销售计划\图片03.png"文件，单击【插入】按钮，将选择图片插入幻灯片中，将"图片02.png"放置在"图片03.png"上方，并调整图片的位置，如下图所示。

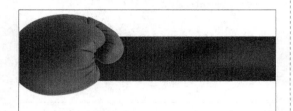

⓫ 同时选中插入的两张图片，单击鼠标右键，在弹出的快捷菜单中选择【组合】下的【组合】命令，组合图片并将其置于底层，如下图所示。

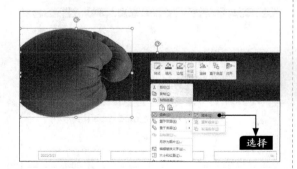

2. 新增母版样式

❶ 在幻灯片母版视图中选中最后一张幻灯片，单击【幻灯片母版】选项卡下【编辑母版】组中的【插入幻灯片母版】按钮，添加新的母版版式，在新建的母版中选中第1张幻灯片，删除其中的文本框，插入"素材\ch12\产品销售计划\图片02.png"和"素材\ch12\产品品销售计划\图片03.png"文件，并将"图片02.png"放置在"图片03.png"上方，效果如下图所示。

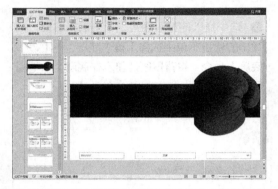

❷ 选中插入的"图片02.png"图片，单击【图片工具-图片格式】选项卡下【排列】组中的【旋转】按钮，在弹出的下拉列表中选择【水平翻转】选项，调整图片的位置，组合图片并将其置于底层，效果如下图所示。

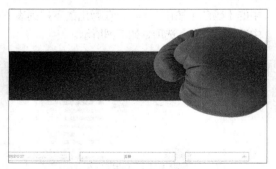

12.6.2 创建首页幻灯片

创建首页幻灯片的具体操作步骤如下。

❶ 单击【幻灯片母版】选项卡下【关闭】组中的【关闭母版视图】按钮，返回普通视图。删除幻灯片中的文本框，单击【插入】选项卡下【文本】组中的【艺术字】按钮，在弹出的下拉列表中选择一种艺术字样式，如下图所示。

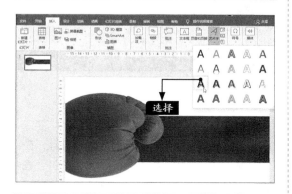

❷ 输入"黄金周销售计划"，设置其【字体】为【宋体】、【字号】为【72】、颜色为【橙色】，

调整艺术字文本框的位置，效果如下图所示。

❸ 重复上面的操作步骤，添加新的艺术字文本框，输入"市场部"，并设置艺术字样式及文本框位置，效果如下图所示。

12.6.3 创建计划背景幻灯片和计划概述幻灯片

创建计划背景幻灯片和计划概述幻灯片的具体操作步骤如下。

1. 创建计划背景幻灯片

❶ 新建一张版式为【标题幻灯片】的幻灯片，并绘制竖排文本框，输入文本内容，设置【字体颜色】为【白色】，如下图所示。

❷ 选中"1.计划背景"文本内容，设置【字体】

为【方正楷体简体】、【字号】为【32】、【字体颜色】为【白色】。选中其他文本，设置【字体】为【方正楷体简体】、【字号】为【28】、【字体颜色】为【黄色】，设置所有文本的【行距】为【2倍行距】，效果如下图所示。

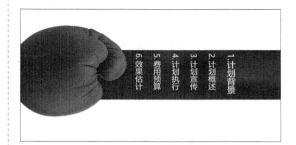

❸ 新建一张版式为【仅标题】的幻灯片，在【标题】文本框中输入"计划背景"，如下页图所示。

④ 打开"素材\ch12\产品销售计划\计划背景.txt"文件,将里面的内容复制到文本框中,并设置文本样式。将光标定位至需要插入图标的位置,单击【插入】选项卡下【插图】组中的【图标】按钮 ,在弹出的对话框中选择要插入的符号,效果如下图所示。

2. 制作计划概述幻灯片

❶ 复制第2张幻灯片并将其粘贴至第3张幻灯片中,如下图所示。

② 更改【1.计划背景】文本的【字号】为【24】、【字体颜色】为【浅绿】;更改【2.计划概述】文本的【字号】为【30】、【字体颜色】为【白色】。其他文本样式保持不变,效果如下图所示。

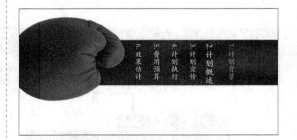

❸ 新建一张版式为【仅标题】的幻灯片,在【标题】文本框中输入"计划概述",打开"素材\ch12\产品销售计划\计划概述.txt"文件,将里面的内容复制到文本框中,并设置文本样式,效果如下图所示。

12.6.4 创建计划部分幻灯片

下面创建计划部分幻灯片,该部分包括计划宣传幻灯片、计划执行幻灯片和费用预算幻灯片3个部分,具体操作步骤如下。

❶ 复制目录幻灯片并设置字体样式,效果如右图所示。

❷ 新建一张版式为【仅标题】的幻灯片，输入标题"计划宣传"。单击【插入】选项卡下【插图】组中的【形状】按钮，在弹出的下拉列表中选择【线条】下的【箭头】选项，绘制箭头图形。在【绘图工具 -形状格式】选项卡下单击【形状样式】组中【形状轮廓】按钮右侧的下拉按钮，在弹出的下拉列表中选择【虚线】下的【圆点】选项，效果如下图所示。

择 SmartArt 图形】对话框中选择【循环】下的【射线循环】选项，单击【确定】按钮，完成图形的插入。输入相关内容及说明文本，如下图所示。

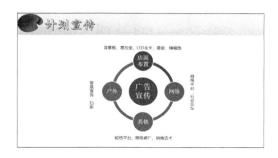

❻ 使用类似的方法制作计划执行目录幻灯片、计划执行幻灯片和费用预算目录幻灯片，如下图所示。

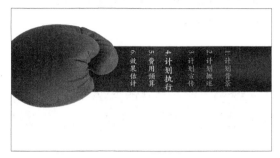

❸ 使用同样的方法绘制其他线条，并绘制文本框来添加时间和其他内容，如下图所示。

❹ 绘制并美化自选图形，然后输入相关内容。重复操作直至完成表格制作，如下图所示。

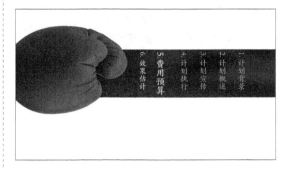

❺ 新建一张版式为【仅标题】的幻灯片，输入标题"计划宣传"。单击【插入】选项卡下【插图】组中的【SmartArt】按钮，在打开的【选

❼ 新建幻灯片，插入表格，制作费用预算幻灯片，如下图所示。

12.6.5 创建效果估计幻灯片和结束页幻灯片

创建效果估计幻灯片和结束页幻灯片的具体操作步骤如下。

❶ 重复前面的操作，制作效果估计目录幻灯片，如下图所示。

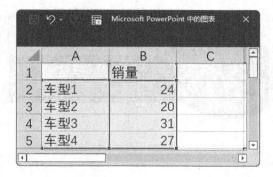

❷ 新建一张版式为【仅标题】的幻灯片，输入标题"效果估计"。单击【插入】选项卡下【插图】组中的【图表】按钮，在打开的【插入图表】对话框中选择【柱形图】下的【簇状柱形图】选项，单击【确定】按钮，在打开的Excel表格中输入下图所示的数据。

❸ 关闭 Excel 表格，可在幻灯片中看到插入的图表，对图表进行美化，效果如下图所示。

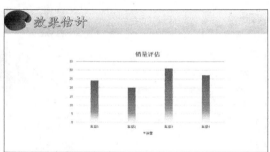

❹ 单击【开始】选项卡下【幻灯片】组中的【新建幻灯片】按钮下方的下拉按钮，在弹出的下拉列表中选择【自定义设计方案】下的【标题幻灯片】选项，绘制文本框，输入"努力完成销售计划！"，并设置文本样式，效果如下图所示。

12.6.6 添加切换效果和动画效果

添加切换效果和动画效果的具体操作步骤如下。

❶ 选中要设置切换效果的幻灯片，这里选择第 1 张幻灯片。单击【切换】选项卡下【切换到此幻灯片】组中的【其他】按钮，在弹出的下拉列表中选择【华丽】下的【帘式】选项，如下图所示。

❷ 在【切换】选项卡下【计时】组中的【持续时间】微调框中设置【持续时间】为【03.00】，如下图所示。使用同样的方法，为其他幻灯片设置不同的切换效果。

❸ 选中第 1 张幻灯片中要创建进入动画效果的文字。单击【动画】选项卡下【动画】组中的【其他】按钮，在弹出的下拉列表中选择【进入】下的【浮入】选项，创建进入动画效果，如右上图所示。

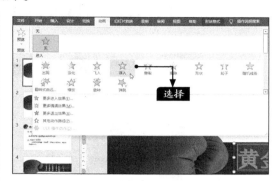

❹ 添加动画效果后，单击【动画】组中的【效果选项】按钮，在弹出的下拉列表中选择【下浮】选项，如下图所示。

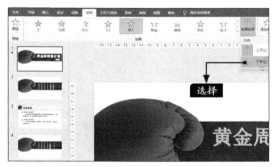

❺ 在【动画】选项卡的【计时】组中设置【开始】为【上一动画之后】，设置【持续时间】为【01.50】，如下图所示。

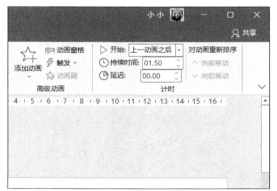

❻ 使用同样的方法为其他幻灯片中的内容设置动画效果。最终制作完成的"产品销售计划"演示文稿效果如下图所示。

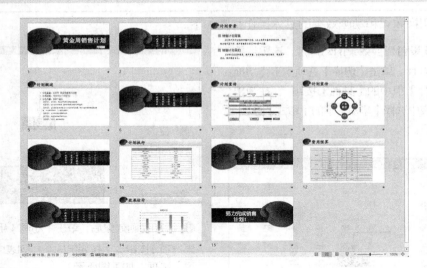

第

13

章

高效协作：Office 组件间的协作

本章导读

在 Office 办公软件中，Word、Excel 和 PowerPoint 之间可以通过资源共享、相互调用来提高工作效率。

重点内容

- ✚ 掌握 Word 与其他组件的协作
- ✚ 掌握 Excel 与其他组件的协作
- ✚ 掌握 PowerPoint 与其他组件的协作
- ✚ 掌握 Office 与 PDF 文件的协作

13.1 Word 与其他组件的协作

在 Word 文档中不仅可以创建 Excel 工作表，而且可以调用已有的 PowerPoint 演示文稿来实现资源的共享。

13.1.1 在 Word 文档中创建 Excel 工作表

当制作的 Word 文档涉及与报表相关的内容时，我们可以直接在 Word 文档中创建 Excel 工作表，使文档的内容更加清晰、表达的意思更加完整，具体的操作步骤如下。

❶ 打开"素材 \ch13\ 创建 Excel 工作表 .docx"文件，将光标定位至需要插入表格的位置，单击【插入】选项卡下【表格】组中的【表格】按钮，在弹出的下拉列表中选择【Excel 电子表格】选项，如下图所示。

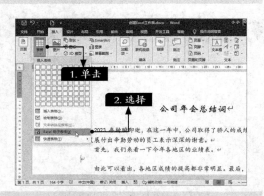

❷ 返回 Word 文档，可看到插入的 Excel 电子表格，双击插入的电子表格进入工作表的编辑状态，如下图所示。

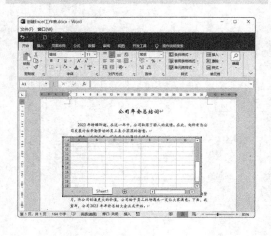

❸ 在 Excel 电子表格中输入下图所示的数据，并设置文字及单元格样式，如下图所示。

❹ 选中 A2:E6 单元格区域，单击【插入】选项卡下【图表】组中的【插入柱形图或条形图】按钮，在弹出的下拉列表中选择【簇状柱形图】选项，如下图所示。

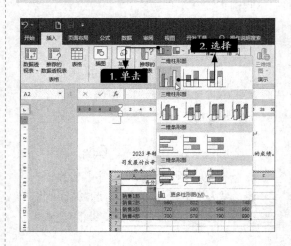

❺ 在图表中插入下图所示的柱形图，将鼠标指针放置在图表上，当鼠标指针变为 ✛ 形状时，按住鼠标左键，拖曳图表到合适位置，并根据需要调整表格的大小，如下图所示。

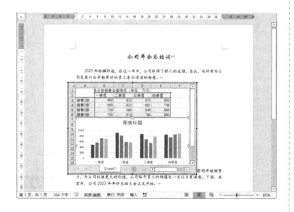

❻ 在【图表标题】文本框中输入"各分部销售业绩情况图表"，并设置字体为【华文楷体】、字号为【14】，单击 Word 文档的空白位置，退出表格的编辑状态，并根据情况调整表格的位置及大小，效果如下图所示。

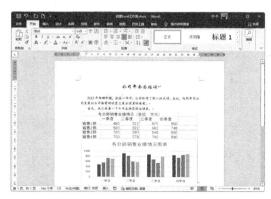

 13.1.2 在 Word 文档中调用 PowerPoint 演示文稿

在 Word 文档中不仅可以直接调用 PowerPoint 演示文稿，还可以直接播放演示文稿，具体操作步骤如下。

❶ 打开"素材 \ch13\Word 调用 PowerPoint.docx"文件，将光标定位在要插入演示文稿的位置，如下图所示。

❷ 单击【插入】选项卡下【文本】组中【对象】下拉按钮 对象 ，在弹出的下拉列表中选择【对象】选项，如下图所示。

❸ 弹出【对象】对话框，选择【由文件创建】选项卡，单击【浏览】按钮，如下图所示。

❹ 在打开的【浏览】对话框中选择"素材 \ch13\ 六一儿童节快乐 .pptx"文件，单击【插入】按钮，如下图所示。

267

⑤ 返回【对象】对话框，单击【确定】按钮，如下图所示，在文档中插入所选演示文稿。

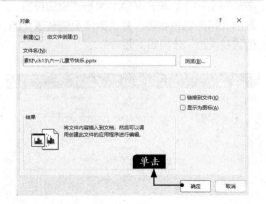

得到的效果如下图所示。

⑥ 拖曳演示文稿四周的控制点可调整演示文稿的大小。右击演示文稿，在弹出的快捷菜单中选择【"Presentation"对象】→【显示】命令，如下图所示。

⑦ 播放幻灯片，如下图所示。

13.1.3 在 Word 文档中使用 Access 数据库

在日常生活中，经常需要处理大量通用文档，这些文档的内容既有相同的部分，又有不同的标识部分。例如通讯录，它们的表头一样，但是内容却不同。使用 Word 的邮件合并功能，可以将两部分内容有效地结合起来，具体的操作步骤如下。

① 打开"素材 \ch13\ 使用 Access 数据库 .docx"文件，单击【邮件】选项卡下【开始邮件合并】组中的【选择收件人】按钮，在弹出的下拉列表中选择【使用现有列表】选项，如右图所示。

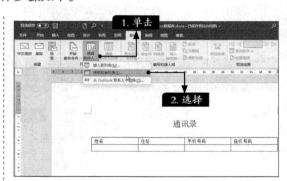

❷ 在打开的【选取数据源】对话框中选择"素材\ch13\通讯录.accdb"文件，然后单击【打开】按钮，如下图所示。

❸ 将光标定位在第2行第1个单元格中，单击【邮件】选项卡【编写和插入域】组中的【插入合并域】按钮，在弹出的下拉列表中选择【姓名】选项，如下图所示。

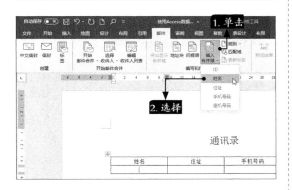

❹ 根据表格标题，将"通讯录.accdb"文件中的第1条数据依次填充至表格中，单击【完成并合并】按钮，在弹出的下拉列表中选择【编辑单个文档】选项，如下图所示。

❺ 弹出【合并到新文档】对话框，选中【全部】单选按钮，单击【确定】按钮，如下图所示。

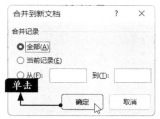

新生成一个名称为"信函1"的文档，该文档对每人的通讯录进行分页显示，如下图所示。

❻ 在【查找和替换】对话框中，将光标定位至【查找内容】文本框，单击【特殊格式】按钮，在弹出的下拉列表中选择【分节符】选项，如下图所示。

❼ 此时会在【替换】选项卡中的【查找内容】文本框中看到添加的"^b"，将光标定位至"替换为"文本框中，如下图所示。

❽ 单击【特殊格式】按钮，在弹出的下拉列表中选择【段落标记】选项，如下图所示。

❾ 单击【全部替换】按钮，如下图所示。

❿ 弹出【Microsoft Word】对话框，单击【确定】按钮，如下图所示。

最终得到的效果如下图所示。

13.2 Excel 与其他组件的协作

在 Excel 工作簿中可以调用 Word 文档、PowerPoint 演示文稿和其他文本文件数据。

13.2.1 在 Excel 中调用 Word 文档

在 Excel 工作簿中，可以调用 Word 文档以实现资源的共享，避免在不同软件之间频繁切换，从而大大减少工作量，具体的操作步骤如下。

❶ 新建一个工作簿，单击【插入】选项卡下【文本】组中的【对象】按钮，如下页图所示。

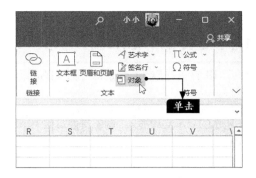

❷ 弹出【对象】对话框，选择【由文件创建】选项卡，单击【浏览】按钮，如下图所示。

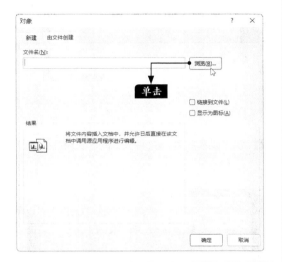

❸ 在【浏览】对话框中选择"素材 \ch13\ 考勤管理工作标准 .docx"文件，单击【插入】按钮，如下图所示。

❹ 返回【对象】对话框，单击【确定】按钮，如右上图所示。

得到的效果如下图所示。

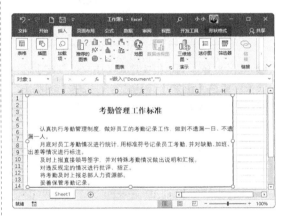

❺ 双击插入的 Word 文档，显示 Word 功能区，在其中可编辑插入的文档，如下图所示。

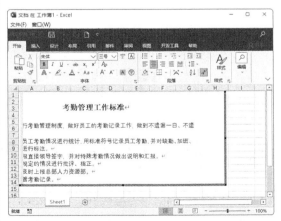

13.2.2　在 Excel 中调用 PowerPoint 演示文稿

在 Excel 工作簿中调用 PowerPoint 演示文稿，可以节省在软件之间来回切换的时间，使我们的工作更加方便，具体的操作步骤如下。

❶ 新建一个 Excel 工作簿，单击【插入】选项卡下【文本】组中的【对象】按钮🔲对象，如下图所示。

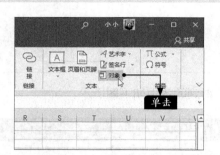

❷ 在【对象】对话框中选择【由文件创建】选项卡，单击【浏览】按钮，在打开的【浏览】对话框中选择要插入的 PowerPoint 演示文稿，此处选择"素材 \ch13\ 统计报告 .pptx"文件，单击【插入】按钮，返回【对象】对话框，单击【确定】按钮，如下图所示。

❸ 所选的演示文稿插入，调整其位置和大小，效果如下图所示。

❹ 双击以播放插入的演示文稿，如下图所示。

13.2.3　在 Excel 中导入来自文本文件的数据

在 Excel 中还可以导入 Access 文件数据、网站数据、文本数据、SQL Server 数据库数据以及 XML 数据等外部数据。在 Excel 中导入文本数据的具体操作步骤如下。

❶ 新建一个 Excel 工作簿，将其保存为"导入来自文件的数据 .xlsx"文件，单击【数据】选项卡下【获取外部数据】组中的【自文本】按钮，如下页图所示。

❷ 在弹出的【导入数据】对话框中选择"素材 \ch13\ 成绩表 .txt"文件，单击【导入】按钮，如下图所示。

❸ 在弹出的【文本导入向导-第 1 步，共 3 步】对话框中选中【分隔符号】单选按钮，单击【下一步】按钮，如下图所示。

❹ 进入【文本导入向导-第 2 步，共 3 步】对话框，根据文本情况选择分隔符号，这里勾选【逗号】复选框，单击【下一步】按钮，如右上图所示。

❺ 进入【文本导入向导-第 3 步，共 3 步】对话框，单击【完成】按钮，如下图所示。

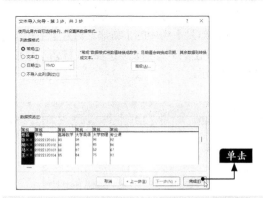

❻ 在弹出的【导入数据】对话框中设置数据的放置位置，单击【确定】按钮，如下图所示。

文本文件中的数据导入 Excel 工作簿中，效果如下图所示。

13.3 PowerPoint 与其他组件的协作

不仅可以在 PowerPoint 中调用 Excel 等组件，还可以将 PowerPoint 演示文稿转换为 Word 文档。

13.3.1 在演示文稿中调用 Excel 工作表

可以将 Excel 工作表调到 PowerPoint 演示文稿中进行播放演示，这样可以为讲解省去许多麻烦，具体的操作步骤如下。

❶ 打开"素材 \ch13\ 调用 Excel 工作表 .pptx"文件，选中第 2 张幻灯片，单击【开始】选项卡下【幻灯片】组中的【新建幻灯片】下拉按钮，在弹出的下拉列表中选择【仅标题】选项，如下图所示。

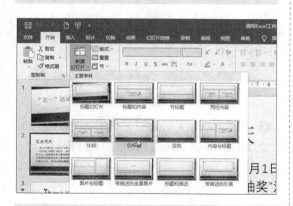

❷ 新建一张版式为【仅标题】的幻灯片，在【单击此处添加标题】文本框中输入"各店销售情况详表"，如下图所示。

❸ 单击【插入】选项卡下【文本】组中的【对象】按钮，在弹出的【插入对象】对话框中选中

【由文件创建】单选按钮，单击【浏览】按钮，如下图所示。

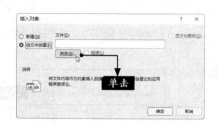

❹ 在弹出的【浏览】对话框中选择"素材 \ch13\ 销售情况表 .xlsx"文件，单击【确定】按钮，返回【插入对象】对话框，单击【确定】按钮，如下图所示。

插入的 Excel 工作表如下图所示。

❺ 双击进入 Excel 工作表的编辑状态，调整表格的大小。选中 B9 单元格，单击编辑栏中的【插入函数】按钮 f_x，弹出【插入函数】对话框，在【选择函数】列表框中选择【SUM】函数，单击【确定】按钮，如下图所示。

❻ 弹出【函数参数】对话框，在【Number1】文本框中输入"B3:B8"，单击【确定】按钮，如下图所示。

❼ B9 单元格中显示总销售额。填充 C9:F9 单元格区域，计算出各店的总销售额，如右上图所示。

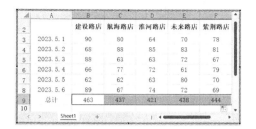

❽ 选中 A2:F8 单元格区域，单击【插入】选项卡下【图表】组中的【插入柱形图或条形图】按钮，在弹出的下拉列表中选择【簇状柱形图】选项，如下图所示。

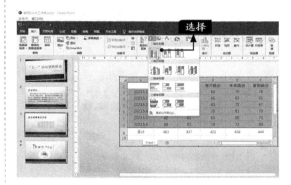

❾ 插入柱形图后，设置图表的位置和大小，并美化图表，最终效果如下图所示。

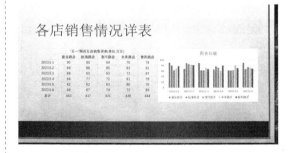

各店销售情况详表

13.3.2 在演示文稿中插入 Excel 图表对象

在 PowerPoint 演示文稿中插入 Excel 图表对象，可以方便在 PowerPoint 演示文稿中查看图表数据，从而快速修改图表中的数据，具体的操作步骤如下。

❶ 新建一个空白演示文稿，将幻灯片中的文本占位符删除，单击【插入】选项卡下【文本】组中的【对

象】按钮 对象，如下图所示。

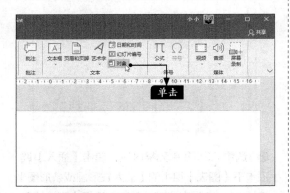

② 弹出【插入对象】对话框，选中左侧的【新建】单选按钮，在【对象类型】列表框中选择【Microsoft Excel Chart】选项，单击【确定】按钮，如下图所示。

插入的图表如下图所示。

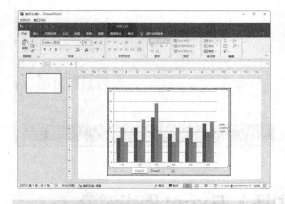

③ 在图表中选择【Sheet1】工作表，将其中的数据修改为"素材\ch13\销售情况表.xlsx"工作簿中的数据，如右上图所示。

	A	B	C	D	E	F
1		建设路店	航海路店	淮河路店	未来路店	紫荆路店
2	2023.5.1	90	80	64	70	78
3	2023.5.2	68	88	85	83	81
4	2023.5.3	88	63	63	72	67
5	2023.5.4	66	77	72	61	79
6	2023.5.5	62	62	63	80	70
7	2023.5.6	89	67	74	72	69
8						
9						
10						
11						
12						
13						
14						
15						
16						
17						

④ 选择【Chart1】工作表，单击【图表工具－图表设计】选项卡下【数据】组中的【选择数据】按钮，如下图所示。

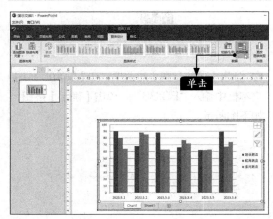

⑤ 弹出【选择数据源】对话框，单击 按钮，选中【Sheet1】工作表中的数据区域，然后单击【确定】按钮，如下图所示。

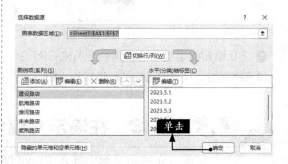

修改后的图表如下页图所示。

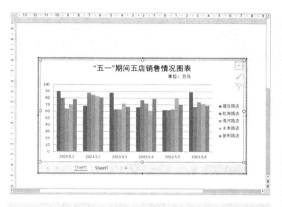

❻ 调整图表大小、位置及布局等，单击工作表外的空白处，返回演示文稿界面，最终效果

如下图所示。

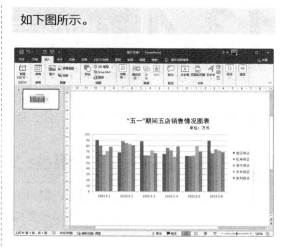

13.3.3 将演示文稿转换为 Word 文档

可以将 PowerPoint 演示文稿转换为 Word 文档，以方便阅读、打印和检查，具体操作步骤如下。

❶ 打开"素材\ch13\调用 Excel 工作表 .pptx"文件，选择【文件】选项卡，选择【导出】选项，在右侧的【导出】界面中单击【创建讲义】选项，然后单击【创建讲义】按钮，如下图所示。

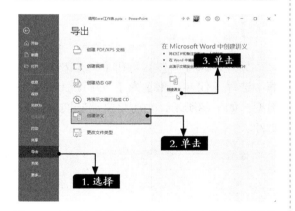

❷ 弹出【发送到 Microsoft Word】对话框，选中【只使用大纲】单选按钮，然后单击【确定】按钮，如右上图所示。

生成一个名为"文档 1"的 Word 文档，如下图所示。

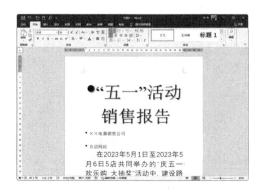

13.4 Office 与 PDF 文件的协作

　　PDF 文件是日常办公中较为常用的文件类型，既方便阅读，又可以防止因他人无意触碰键盘而修改文件内容，还可以很好地保留文件字体以方便打印。在 Office 中，不仅支持将文档、工作簿及演示文稿转换为 PDF 文件，还可以对 PDF 文件进行编辑。

13.4.1 将 Office 文档转换为 PDF 文件

　　在 Office 中，用户可以直接将文档导出为 PDF 文件，Word、Excel 和 PowerPoint 3 个软件导出的方法相同，下面以将 Word 文档转换为 PDF 文件为例进行介绍，具体操作步骤如下。

❶ 打开"素材 \ch13\ 创建 Excel 工作表 .docx"文件，选择【文件】选项卡，选择【导出】选项，单击【创建 PDF/XPS 文档】选项，然后单击【创建 PDF/XPS】按钮，如下图所示。

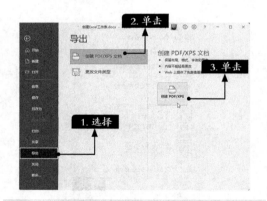

❷ 弹出【发布为 PDF 或 XPS】对话框，选择保存位置，并设置文件名，然后单击【发布】按钮，如下图所示。

　　将文件保存为 PDF 文件，系统会自动打开该文件，如下图所示。

　　另外，保存文档时，在【另存为】对话框中选择【保存类型】为【PDF（ *.pdf ）】类型，如下图所示，也可将文档转换为 PDF 文件。

13.4.2　在 Word 中编辑 PDF 文件

可以使用 Word 打开并查看 PDF 文件，也可以对文件进行编辑，具体操作步骤如下。

❶ 打开 Word，选择【打开】选项，单击右侧的【浏览】选项，如下图所示。

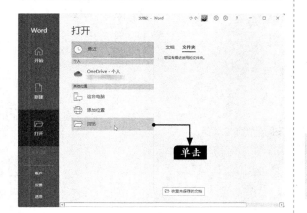

❷ 弹出【打开】对话框，选择要编辑的 PDF 文件，然后单击【打开】按钮，如下图所示。

❸ 弹出【Microsoft Word】对话框，单击【确定】按钮，如下图所示。

　　PDF 文件转换为可编辑的 Word 文档，如右上图所示。

❹ 此时，文档中的文字处于可编辑状态，可以对文档进行修改，如调整文档中的文字，如下图所示。

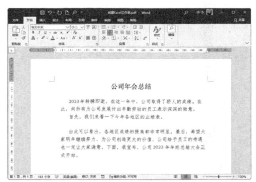

❺ 完成修改后，按【Ctrl+S】组合键，弹出【另存为】对话框，如下图所示，可以将文档保存为 Word 文档格式，也可以保存为 PDF 文件。

第 5 篇

AI 办公

第 **14** 章　AI 与 Office 工具的智能整合

第 **15** 章　AI 与其他办公任务的高效融合

第14章

AI 与 Office 工具的智能整合

本章导读

在办公领域，AI 与 Office 工具的智能整合正在引领一场革命性的变革。本章将带领读者了解 AI 与 Office 的协作方法，以及 AI 如何助力 Word、Excel 和 PPT 实现更高效、智能的协作。让我们一同走进这个充满智慧的办公新时代！

重点内容

+ 了解 AI 与 Office 的协作方法
+ 掌握 AI 助力 Word 文本处理
+ 掌握 AI 助力 Excel 数据分析
+ 掌握 AI 助力 PPT 演示制作

14.1 AI 与办公结合的革命性变革

AI 与办公的结合，不仅颠覆了传统的办公模式，更带来了前所未有的高效与便捷。通过智能化的协作与自动化处理，AI 让办公变得更加智能、高效且精准。

14.1.1 了解什么是 AI 和 AIGC

AI 和 AIGC，听起来很"高大上"，但其实它们离我们并不遥远。简单来说，AI（Artificial Intelligence）就是人工智能，它是一种让计算机像人一样思考和学习的技术。而 AIGC（Artificial Intelligence Generated Content）则是利用 AI 技术生成内容，比如自动写文章、画图、制作音乐等。

现在很多手机都有语音助手，比如 Siri、小爱同学等。这些语音助手就是利用 AI 技术实现的。当你对手机说一句"今天天气怎么样"时，语音助手就会理解你的话，然后从网络上获取天气信息，再回答你。这就是 AI 在现实生活中的应用之一。

而 AIGC 对于我们更加实用且具体。比如，现在的自动写作软件可以根据你输入的关键词快速生成一篇文章。你只需要输入一个或几个关键词，比如"会议通知"，就能得到一篇关于会议通知的文稿。

再比如，现在的 AI 绘画软件可以根据你输入的文字或图片，自动生成一幅美丽的画作。你只需要输入一些描述性的文字，比如"一只飞翔的鸟""一片绿色的草地"等，AI 绘画软件就能自动生成一幅符合描述的画作。

ChatGPT、文心一言、讯飞星火、360 智脑等都是主流的 AIGC 模型，我们可以利用这些模型提高我们的工作效率和生产力。虽然现在 AI 和 AIGC 的应用还有很多限制和不足，但随着技术的不断发展，相信未来它们会更加完善，更加高效。

14.1.2 文心一言，让心灵被文字浸润

文心一言是百度研发的知识增强大语言模型，能够与人对话互动，回答问题，协助创作，高效、便捷地帮助人们获取信息、知识和灵感。

比如，当你不知道某个问题的答案时，可以向文心一言提问，它会快速地给你一个答复。另外，文心一言还可以帮助生成文本，比如写一篇文章、一封邮件等。

通过浏览器搜索"文心一言"，进入其官网，打开使用页面。如果用户还没有百度账号，需要先注册一个账号，才能登录和使用文心一言。右图所示为文心一言首页，可以在问题输入框中输入问题，与它进行对话。用户也可以单击【新建对话】按钮，新建一条对话。

文心一言提供了多种插件，这些插件可以为用户提供不同的功能，从而提升工作效率和使用体验。用户只需单击问题输入框上方的【选择插件】按钮，即可在弹出的插件列表中选择适合自己的插件，如下图所示。例如，选择【说图解画】选项后，用户可以在右侧弹出的窗格中单击【上传图片】按钮，上传图片后文心一言可基于图片进行文字创作、回答问题等。此外，用户还可以单击【插件商城】按钮，选择并安装更多的插件，以满足不同的需求。

另外，用户只需单击文心一言页面右上角的【一言百宝箱】按钮，即可打开一个集合了众多优质主题的界面，如下图所示。这些主题涵盖了不同的场景应用、不同的职业需求等，旨在帮助用户快速掌握实用技巧。无论是在工作、学习还是生活中，这些主题都能为用户提供有针对性的指导和帮助，提高其技能水平和工作效率。

用户还可以在手机中下载文心一言应用进行使用。

14.1.3 讯飞星火，听说写一体

讯飞星火是科大讯飞自主研发的认知智能大模型，功能丰富、应用场景广泛，同样具备跨领域的知识和语言理解能力，可以为用户提供高效、便捷的智能服务，提升用户生活质量和工作效率。

通过浏览器搜索"讯飞星火"，进入其官网，并打开使用页面，如下图所示。在输入对话框中，用户可以插入文件、输入语音等，同时，对话框上方还包含丰富的插件，用户可以单击使用，进一步扩展功能。左侧的【助手中心】与文心一言的【一言百宝箱】类似，也包含丰富的主题。这些主题涵盖了不同的场景应用、不同的职业需求等，旨在为用户提供有针对性的指导和帮助。用户可以根据自己的需求选择相应的主题，快速掌握实用技巧。

14.2 AI 协作办公入门

AI 协作办公已经成为现代办公的必备技能，掌握 AI 语言模型的应用，可以轻松解决各类文档编辑难题。通过对话聊天形式，AI 语言模型能够快速生成所需内容，极大提高办公效率。

14.2.1 向 AI 语言模型提问需要了解这些原则

目前，AI 语言模型多种多样，其中比较知名的有 ChatGPT、文心一言、通义千问、讯飞星火、360 智脑等。这些 AI 语言模型可以作为个人虚拟助手，帮助人们管理任务、提高生产力，例如进行内容创作、知识问答、查找信息等，从而使人们能够更专注于重要的活动。在使用 AI 语言模型时，需要遵循一些提问原则。

（1）明确具体：提问时要明确具体，不要含糊不清。同时，要描述清楚问题背景，以便更好地解决问题。

举例：在 Word 中如何创建一个表格？

（2）完整性：提问时要尽可能完整，不要遗漏重要信息。提供足够的信息，以便更好地解决问题。

举例：我想在 Excel 中制作一个简单的图表，有哪些步骤？

（3）针对特点提问：提问时要针对 AI 语言模型的特点和功能，不要超出其能力范围。了解 AI 语言模型的特点和功能，以便更好地利用它解决问题。

举例：如何在 PowerPoint 中制作一个简单的演示文稿？

（4）简洁明了：提问时要尽可能简洁明了，不要冗长烦琐。用最简单的语言描述问题，以便 AI 语言模型更容易地理解问题。

举例：如何使用 Word 中的格式化工具？需要详细的步骤。

（5）规范使用语言：提问时要使用标准语言，不要使用非标准语言。确保使用正确的语法和单词，以便更好地解决问题。

举例：如何在 Excel 中输入数据并计算平均值？需要详细的步骤。

14.2.2 利用 AI 轻松解决各类文档编辑难题

在使用办公软件时，难免会遇到各种各样的问题，我们可以借助文心一言、ChatGPT 等 AI 工具来帮忙解决。下面介绍如何使用 AI 解决遇到的难题，从而提高工作效率。

问题1 在 Word 文档中输入文字后，后面的文字会消失。

❓ 提问

在 Word 文档中修改文字时，输入几个文字后，后面的文字就会消失几个，是由什么原因造成的？该怎么处理？

AI 回答

• Insert 键的问题。可能是不小心按到了 Insert 键，此时 Word 默认为覆盖模式，输入的文本会覆盖后面的内容。这种情况只需要再次单击 Insert 键即可恢复。

- 修改插入模式。也可能是开启了"改写模式"，将其改为"插入模式"即可。
- Word 文档设置的问题。如果不想以后出现这样的情况，可以直接在 Word 文档中关闭"改写模式"。

问题 2　单元格中的数据显示为"######"。

？ 提问

在 Excel 工作簿中，数据显示为"######"，原因是什么？该如何处理？

AI 回答

在 Excel 工作簿中，数据显示为"######"的原因可能有以下 3 个。
- 单元格内容过长。单元格内容过长时，数据无法在单元格中完全显示，在列宽不够的情况下显示为"######"。可以通过增大列宽来解决。
- 字号过大。同样，字号过大时单元格中的数据也无法完全显示，在字号过大的情况下会显示为"######"。可以通过选中单元格内容，在功能区中将字体字号修改为合适的大小来解决。
- 出现了负数的日期。Excel 中负数的日期无法完全显示，会显示为"######"。可以通过更改日期格式来解决。

问题 3　在自己计算机上正常显示的 PPT 文件，发送给其他同事后，字体发生了改变。

？ 提问

在自己计算机上 PPT 中字体正常显示，发送给他人后，字体却改变，原因是什么？需要如何处理？

AI 回答

在自己计算机上 PPT 中字体正常显示，发送给他人后，字体却改变，可能有以下原因。
- 字体嵌入问题。虽然你已经将字体嵌入 PPT 文件内，但可能没有选择"将字体嵌入文件"选项，或者没有选择"嵌入所有字符"。这可能导致在新的计算机上打开 PPT 文件时，字体无法正常显示。
- 字体安装问题。可能没有在演示计算机上正确安装 PPT 中使用的字体。
为了避免以上问题，你可以采取以下措施。
① 将 PPT 文件的字体嵌入文件中。
② 将 PPT 文件转换成 PDF 格式。
希望以上回答对你有帮助。

14.3　AI 与 Word：智能文本处理

本节将带读者领略 AI 与 Word 的完美结合，将深入探讨如何利用 AI 技术提高 Word 文本的处理效率，从内容生成、文本润色到文档阅读等，方便用户编辑和处理各种文本，提升工作效率。

14.3.1　一键轻松生成假期通知

使用 AI 进行文案创作可以迅速生成吸引人的内容。AI 还可以纠正拼写和语法错误，确保文案的专业性。

AI 可以创作职场应用文文案、营销宣传文案、新媒体文案以及工作报告等，下面以生成假期通知为例进行介绍。

问题 临近 2023 年的十一假期，公司需要你发布一个假期通告。

❓ 提问 1

> 临近 2023 年的十一假期，公司需要你发布一个假期通告。
>
> 时间：2023 年十一假期，要求告知员工准确的放假时间。
>
> 注意事项：提醒员工假期游玩注意安全。
>
> 突发事件处理：遇到紧急事情，可与公司负责人联系，联系电话 138×××× 0000
>
> 公司：×× 公司。

AI 回答 1

> 2023 年十一假期放假通告及安全提示
>
> 全体员工：
>
> 根据国家法定节假日安排及公司实际情况，现将 2023 年十一假期放假时间及相关事项通知如下。
>
> 一、放假时间
>
> 本次放假时间为 10 月 1 日（星期日）至 10 月 7 日（星期六），共计 7 天。10 月 8 日（星期日）正常上班。
>
> 二、安全提示
>
> 1. 请大家在假期期间注意个人安全，遵守交通规则，避免前往人群密集场所，确保人身财产安全。
>
> 2. 外出游玩时，请关注当地天气和旅游安全，合理安排行程，遵守当地法律法规，确保自身及家人的安全。
>
> 3. 如遇紧急情况，请及时与公司负责人联系，电话：138×××× 0000。请务必保持手机畅通，以便紧急情况下能够及时联系到您。值班人员请保持手机畅通，随时待命。
>
> 在此，衷心感谢大家在过去一年里的辛勤付出与努力。希望大家在假期中能够充分休息、放松心情，与家人共度美好时光。祝愿大家度过一个愉快、安全的假期！
>
> ×× 公司
>
> ××××年×月××日

查看内容，发现内容较多，可以要求删减一些内容，也可以要求控制字数在某个值以内。

❓ 提问 2

> 缩减内容，控制在 300 字以内。

AI 回答 2

> 2023 年十一假期放假通告及安全提示
>
> 全体员工：
>
> 根据国家法定节假日安排及公司实际情况，2023 年十一假期将于 10 月 1 日至 10 月 7 日放假，共计 7 天。10 月 8 日（星期日）正常上班。
>
> 请大家在假期期间注意安全，遵守交通规则，避免前往人群密集场所，确保人身财产安全。如遇紧急情况，请及时与公司负责人联系，电话：138×××× 0000。
>
> 各部门负责人需提前制定值班计划，确保假期期间有足够的人员应对突发事件。值班人员请保持手机畅通，随时待命。
>
> 最后，祝大家度过愉快、安全的假期！如有疑问或需要进一步沟通，请随时与公司负责人联系。
>
> ×× 公司
>
> ××××年×月××日

核对通告，发现 2023 年中秋节和十一假期重合，放假时间有变，可要求修改放假时间。

❓ 提问 3

> 修改放假时间，2023 年中秋节和十一假期重合，共放假 8 天，从 2023 年 9 月 29 日开始，2023 年 10 月 6 日结束。

AI 回答 3

> 2023 年中秋节和十一假期放假通告及安全提示
>
> 全体员工：
>
> 　　根据国家法定节假日安排及公司实际情况，2023 年中秋节和十一假期将重合，共计放假 8 天。放假时间为 9 月 29 日（星期五）至 10 月 6 日（星期五）。10 月 7 日（星期六）正常上班。
>
> 　　请大家在假期期间注意安全，遵守交通规则，避免前往人群密集场所，确保人身财产安全。如遇紧急情况，请及时与公司负责人联系，电话：138×××0000。
>
> 　　各部门负责人需提前制定值班计划，确保假期期间有足够的人员应对突发事件。值班人员请保持手机畅通，随时待命。
>
> 　　最后，祝大家度过愉快、安全的假期！如有疑问或需要进一步沟通，请随时与公司负责人联系。
>
> ××公司
>
> ××××年×月××日

得到满意的通告内容后，将其复制到 Word 文档中，调整版式，并修改公告的发布时间，最后打印并发布公告。

14.3.2　快速提炼文档摘要，助力高效工作

文心一言提供了多款插件，这些插件可以提供不同的功能以提升用户的工作效率和使用体验。如果要生成摘要，就可以借助"览卷文档"插件，具体操作步骤如下。

❶ 打开文心一言，单击问题输入框上方的【选择插件】按钮，在弹出的列表中选择【览卷文档】选项，在弹出的界面中单击【上传文档】按钮，如下图所示。

❷ 弹出【打开】对话框，选择要分析的文件，单击【打开】按钮，如下图所示。

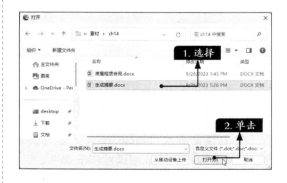

❸ 上传文件后，该插件即分析文档内容，如下图所示。

| 问题 1 | 需要根据文档内容生成摘要。 |

？提问　　根据文档内容生成文档摘要。

AI 回答
以下是该文档的关键内容。

本文介绍了企业财务风险的基本概述、特性、类型以及风险管理的重要性。企业财务风险管理是外部环境变化和企业健康发展的保障。在控制财务风险方面，应遵循符合企业总目标、企业内部管理的影响、风险防范与风险处理相结合的原则。然而，有些企业存在管理系统欠缺、风险意识不强、资本结构不合理等问题，需要进行事前、事中、事后控制来降低财务风险，建立完善的财务管理体系，强化风险意识，加强财务活动的风险管理和提高财务决策的科学化水平。

此外，还可以根据分析后的内容进行其他提问。文心一言会根据文档内容进行回答。

| 问题 2 | 需要根据文档内容，知道企业在控制财务风险方面应遵循哪些原则。 |

？提问　　企业在控制财务风险方面应遵循哪些原则。

AI 回答
企业在控制财务风险方面应遵循以下原则。

（1）目标一致原则：企业的财务风险管理应当与企业的整体战略目标保持一致，不得为了局部或部门利益而违背整体目标。

（2）风险防范与风险处理相结合原则：企业应采取预防性措施来降低财务风险，但同时也应制定风险应对策略，以便在风险事件发生时能够及时应对，减少损失。

……

（8）持续改进原则：企业应根据财务风险管理过程中出现的问题，不断调整和优化风险控制策略，实现持续改进。

14.3.3　文本改写与润色：让文字更流畅

AI 智能文本改写与润色是指通过自然语言处理和机器学习等技术，自动修改和优化文本内容，从而提高文本的可读性和准确性。

AI 智能文本改写与润色对各个领域和行业都有着重大的意义。例如，在教育领域，它可以帮助老师更准确地评估学生的作文；在新闻出版业，它可以提高新闻报道的质量；在商业领域，它可以协助企业相关人员撰写高质量的营销文案和广告语。

问题 1　改写文本。

? 提问

改写下面文本，要求内容通俗易懂，但要体现文本的中心思想。

企业风险管理的核心是对财务风险的管理，财务风险管理的重点则是对可能出现的主要财务风险和财务危机进行预先的控制和管理，以避免由财务风险转化为财务危机和生存危机，从而使企业获得持续生存和持续发展。因此，提高对企业财务风险管理重要性的认识，加强财务风险管理的控制并采取相应的风险应对策略，对企业的健康发展具有重要的意义。

AI 回答

企业风险管理主要关注的是财务风险的管理，而财务风险管理的关键在于预先控制和管理可能出现的财务风险和财务危机，以避免财务风险演变为财务危机甚至企业生存危机。因此，提高对企业财务风险管理的认识，强化财务风险管理的控制并采取相应的风险应对策略，对企业健康持续发展具有重大意义。

问题 2　润色文本。

? 提问

润色下面文本，要求语言简洁、结构清晰、逻辑清晰、表达准确。

企业风险管理的核心是对财务风险的管理，财务风险管理的重点则是对可能出现的主要财务风险和财务危机进行预先的控制和管理，以避免由财务风险转化为财务危机和生存危机，从而使企业获得持续生存和持续发展。因此，提高对企业财务风险管理重要性的认识，加强财务风险管理的控制并采取相应的风险应对策略，对企业的健康发展具有重要的意义。

AI 回答

企业风险管理主要关注财务风险管控。重点在于预先控制和管理可能出现的财务风险和财务危机，以避免财务风险转化为财务危机或生存危机，确保企业持续生存和发展。提高财务风险管理的认识、加强管控并采取风险应对策略对企业的健康发展至关重要。

问题 3　缩减文本内容。

? 提问

缩减下面文本的字数，要求在 100 字以内。

企业风险管理的核心是对财务风险的管理，财务风险管理的重点则是对可能出现的主要财务风险和财务危机进行预先的控制和管理，以避免由财务风险转化为财务危机和生存危机，从而使企业获得持续生存和持续发展。因此，提高对企业财务风险管理重要性的认识，加强财务风险管理的控制并采取相应的风险应对策略，对企业的健康发展具有重要的意义。

AI 回答

企业风险管理主要关注财务风险，通过预先控制和管理主要财务风险和财务危机，避免财务风险转化为生存危机，确保企业持续发展。提高财务风险认识、强化管控并采取风险应对策略，对企业的健康发展至关重要。

问题 4 增加文本内容。

❓ 提问

> 丰富并扩充下面文本的字数，要求不少于 300 字。
>
> 企业风险管理的核心是对财务风险的管理，财务风险管理的重点则是对可能出现的主要财务风险和财务危机进行预先的控制和管理，以避免由财务风险转化为财务危机和生存危机，从而使企业获得持续生存和持续发展。因此，提高对企业财务风险管理重要性的认识，加强财务风险管理的控制并采取相应的风险应对策略，对企业的健康发展具有重要的意义。

AI 回答

> 企业风险管理的核心是对财务风险的管理，因为财务风险是企业在经营过程中面临的主要风险之一。企业可以通过有效的财务风险控制和管理来减少财务风险对企业经营的影响，从而保证企业的稳定发展。财务风险管理的重点则是对可能出现的主要财务风险和财务危机进行预先的控制和管理，以避免由财务风险转化为财务危机和生存危机，从而使企业获得持续生存和持续发展。
>
> 企业财务风险管理的重要性不言而喻，提高对企业财务风险管理重要性的认识是必要的。首先，企业应该建立完善的财务风险管理机制，包括风险识别、风险评估、风险控制和风险应对等方面。其次，企业应该加强财务风险管理的控制，建立财务风险预警机制，及时发现和解决潜在的财务风险。此外，企业还应该采取相应的风险应对策略，包括风险规避、风险转移、风险减轻和风险接受等方面，以有效地应对各种财务风险。
>
> 综上所述，企业财务风险管理对企业健康发展具有重要的意义。通过加强财务风险管理的控制并采取相应的风险应对策略，企业可以有效地减少财务风险对企业经营的影响，从而保证企业的稳定发展。同时，这也为企业提供了持续发展的保障，为企业的可持续发展提供了坚实的支撑。

◢ **14.3.4** 高效审查合同，确保质量

合同是商业活动中不可或缺的重要文件，它规定了各方的权利和义务，保障了交易的顺利进行。然而，由于合同内容的复杂性和烦琐性，往往需要耗费大量的时间和精力进行审查和制作。我们可以借助 AI 来快速定位和提取合同关键信息，自动生成合同模板和范本，提高合同管理的效率和质量。

❶ 打开文心一言，选择【览卷文档】插件，选择要上传的合同，单击【打开】按钮，如下图所示。

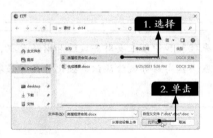

❷ 上传完成后，即可对文档进行分析，如下图所示。

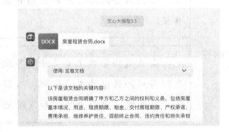

此时，即可进行提问，文心一言会根据文档内容进行回答。

？ 提问

> 我是甲方，请帮我审核这份房屋租赁合同。

AI 回答

> 作为甲方，我仔细审核了这份房屋租赁合同，以下是我的审核意见：
>
> 1.合同中明确列出了双方的信息，包括姓名、身份证号码、联系方式等，确保了双方的真实性和可追溯性。
>
> 2.合同中明确了房屋的位置、用途、租赁期限和租金等关键信息，符合租赁合同的基本要素。
>
> 3.合同中明确规定了交付房租的时间和方式，以及违约责任和损失承担等条款，确保了双方的权益和责任。
>
> 4.合同中提到了房屋维修养护责任和相关费用的承担方式，符合租赁市场的常规做法。
>
> 5.合同中规定了提前终止合同的条件和程序，以及违约责任和损失承担等条款，确保了双方的权益和责任。
>
> 6.合同中还提到了其他约定和补充条款，包括物品交接、水电气表状况等细节问题，确保了合同的完整性和可操作性。
>
> 综上所述，我认为这份房屋租赁合同内容完整、条款清晰、责任明确，符合租赁市场的常规做法和法律法规的规定。

此外，用户还可以使用 AI 制作一份合同，按照提示方法进行操作。

？ 提问

> 请写一份为期两年的房屋租赁合同，在合同中需要规避出租人的法律风险，要求明确房屋基本信息以及甲乙双方的责任及义务。

AI 回答

> 房屋租赁合同
>
> 甲方（出租人）：[姓名/名称]，身份证号码：[号码]，联系电话：[电话]，地址：[地址]。
>
> 乙方（承租人）：[姓名/名称]，身份证号码：[号码]，联系电话：[电话]，地址：[地址]。
>
> 鉴于甲方是房屋的合法所有人，乙方有意租赁该房屋，双方经协商一致，达成以下协议。
>
> **第一条 房屋基本信息**
>
> 1.房屋地址：[具体地址]。
>
> 2.房屋面积：[具体面积]。
>
> 3.房屋用途：[用途说明]。
>
> 4.租赁期限：自[起始日期]起至[终止日期]止，共计[租赁期限，例如：两年]。
>
> **第二条 租金及支付方式**
>
> 1.租金：[具体金额，例如：每月××元人民币]。
>
> 2.支付方式：乙方应于每月的第一天将当月的租金支付给甲方，如遇节假日或非工作日，应提前支付。租金支付方式为[支付方式，例如：银行转账]。
>
> **第三条 押金**
>
> 1.乙方在租赁期开始时向甲方支付[押金金额，例如：××元人民币]作为押金。
>
> ……
>
> 本合同未尽事宜，可由双方另行协商补充。
>
> 本合同的解释权归甲乙双方共同拥有。
>
> 甲方（出租人）：[签字/盖章] 日期：[日期]
>
> 乙方（承租人）：[签字/盖章] 日期：[日期]

如果需要修改或者增减合同条例，可以继续提问，直至得到满意的结果。

14.3.5 个性化简历速成，求职更胜一筹

求职过程中，一份出彩的简历往往能让你从众多竞争者中脱颖而出。借助 AI 技术，我们可以让简历更加个性化，更精准地展现自己的优势及其与职位的匹配度。AI 能够深入挖掘你的技能和经验，将你的简历与职位要求进行精准匹配，让你的求职之路更加顺畅。

以"讯飞星火"为例，在【插件】区域中勾选【智能简历】复选框，如下图所示，然后在问题输入框中输入内容。

| 插件 | ☐ 智能PPT生成 | ☐ 内容运营大师 | ☐ ProcessOn | ☐ TreeMind | ☐ 智能翻译 |
| | ☐ AI面试官 | ☐ 邮件生成 | ☐ 文档问答 | ☑ 智能简历 | |

在此输入您想了解的内容，输入"/"可获取模版，Shift+Enter换行

✎ 指令优化　　　　　　　　　　　　　　　　　　　　🎤　发送

个人简历生成提问方法可参考如下示例。

❓ 提问

我叫张小小，137××××××××，zh1××××@163.com，××大学 学士，2019年9月–2023年6月；获得国家奖学金；2022.07-2023.12，在××公司实习做技术；熟悉Java，Python，C++；曾获得学校科技创新大赛二等奖。请帮我生成一份简历模版。

AI 回答

【个人信息】
姓名：张小小　联系方式：137××××××××　邮箱：zh1××××@163.com
【教育背景】
学校：××大学　　　　　　　　学位：学士
时间：2019年9月 — 2023年6月　荣誉：国家奖学金
【实习经历】
公司：××公司
职位：技术实习生
时间：2022.07 — 2023.12
工作内容：负责市场调研、推广策划、客户关系维护等
【技能】
1.熟练掌握Java、Python、C++等编程语言
2.熟悉数据结构、算法等基础知识
3.具备扎实的数学、统计学基础
4.曾获得学校科技创新大赛二等奖
【荣誉与奖励】
学校科技创新大赛二等奖：这个奖项证明了我在科技创新方面的能力和潜力。
【自我评价】
我是一个积极进取、勤奋刻苦的人，对新知识和新技术充满热情。我有很强的学习能力和适应能力，能够在压力下工作，并且具有良好的团队合作精神。
【期望职位】
寻求与我的技能和经验相匹配的职位，包括但不限于软件开发、数据分析等。

此外，用户还可以对简历进行完善，使其与自己的要求相符。

提问　让经历更有深度一些。

 回答

【实习经历】

公司：××互联网公司

职位：技术实习生

时间：2022.07 —2023.12

工作内容：

1.参与公司核心产品的后端开发，涉及高并发、大数据处理等关键技术领域。

2.协助团队进行代码审查，通过代码优化提高了系统的性能和稳定性。

3.参与重要项目的技术方案讨论和设计，为团队提供了有价值的技术建议。

4.深入学习并掌握了互联网公司常用的开发框架和技术栈，如Spring Boot、Django等。

5.参与产品的测试和上线流程，确保项目的质量和交付。

14.3.6　快速生成标题，提高写作效率

标题在文章中起着至关重要的作用。它能吸引读者的注意力，激发他们的阅读兴趣，引导他们深入了解文章的内容。同时，标题还能够概括文章的主旨，提供重要信息，帮助读者快速了解文章的主题。无论是纸质媒体还是网络文章，标题都是读者决定是否继续阅读的关键因素。因此，在撰写文章时，要重视标题的创作，力求简洁明了、引人入胜。

借助 AI，可以为文档生成一个好的标题，甚至可以同时让 AI 生成多个标题，以供选择。

问题　根据文本内容生成标题。

? 提问 1

根据下面这段话，生成 5 个与内容对应的标题。

企业风险管理的核心是对财务风险的管理，财务风险管理的重点则是对可能出现的主要财务风险和财务危机进行预先的控制和管理，以避免由财务风险转化为财务危机和生存危机，从而使企业获得持续生存和持续发展。因此，提高对企业财务风险管理重要性的认识，加强财务风险管理的控制并采取相应的风险应对策略，对企业的健康发展具有重要的意义。

AI 回答 1

1.企业风险管理：财务风险管理是核心

2.财务风险防范：企业生存与发展的关键

3.提升财务风险管理意识：企业持续发展的保障

4.加强财务风险控制：企业健康发展的保障

5.应对财务风险：企业战略实施的重要一环

? 提问 2　标题字数控制在 10 个字以内。

AI 回答 2

1.企业风险核心是财务

2.防范财务风险保生存

3.提升风险意识促发展

4.控制财务风险保健康

5.应对风险是战略需求

14.3.7 文档翻译一键完成

AI 的翻译功能不仅快速、高效，而且随着技术的不断发展，其准确性也在不断提高。AI 翻译工具可以很好地处理很多语言的语法和词汇，以实现更准确、流畅的翻译。此外，AI 翻译工具还可以自动纠正常见的翻译错误，例如拼写错误、语法错误等，从而提供更优质的翻译结果。

AI 支持的语言包括但不限于中文、英文、日文、韩文、西班牙文、葡萄牙文、俄文、法文、德文、意大利文等。

使用 AI 翻译时，要在问题中指明翻译内容。

问题 1 中文翻译为英文。

❓ 提问
> 将下面的中文翻译为英文，要求使用书面语，表达出对对方的尊重。
> 李先生您好，您需要的产品采购清单，我已经详细标注了产品型号及单价，已经发送到您的邮箱，请注意查收。

AI 回答
> Hello Mr. Li, I have prepared a detailed procurement list for the products you need, including product models and unit prices. This list has been sent to your e-mail box, please kindly check and confirm receipt. Thank you for your time and attention.

问题 2 英文翻译为中文。

❓ 提问
> 将下面的英文翻译为中文，要求使用书面语，表达出对对方的尊重。
> Hello Mr. Li, I have prepared a detailed procurement list for the products you need, including product models and unit prices. This list has been sent to your e-mail box, please kindly check and confirm receipt. Thank you for your time and attention.

AI 回答
> 你好，李先生，我已经为你准备了一份详细的产品采购清单，包括产品型号和单价。此列表已发送至您的电子邮箱，请检查并确认收到。感谢您抽出宝贵时间关注此事。

14.3.8 制作教学教案，高效备课

借助 AI，用户可以辅助精准分析学情，优化教学内容，让备课更轻松、高效。下面以"讯飞星火"为例介绍具体操作步骤。

❶ 打开讯飞星火，单击左上角的【助手中心】按钮，如下图所示。

❷ 进入【星火助手中心】，在搜索框中输入"教案"并按【Enter】键，在结果中选择一个主题，如下图所示。

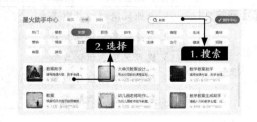

返回讯飞星火对话页面，即可在对话框中进行提问并获取生成的内容。

❓ 提问

> 请根据《子夜吴歌·秋歌》《登科后》《饮中八仙歌》3 首唐诗，以"唐朝盛世"为主题，写一篇小学六年级的课堂教案。

AI 回答

> 教案名称：唐朝盛世
>
> 一、教学目标
>
> 让学生了解唐朝的历史背景，理解"唐朝盛世"的含义。
>
> 通过学习《子夜吴歌·秋歌》《登科后》《饮中八仙歌》3 首唐诗，感受唐朝的文化魅力，提高学生的文学鉴赏能力。
>
> 培养学生的团队合作精神和表达能力，通过小组讨论和展示，提高学生的口头表达能力。
>
> ……
>
> 七、评价与反馈
>
> 对小组讨论和展示的表现进行评价，鼓励积极参与和优秀表现的学生。
>
> 对学生的作业进行批改，给予具体的反馈和建议，帮助学生提高文学鉴赏能力和写作能力。

14.4 AI 与 Excel：数据智能分析与应用

即使不熟悉公式、函数，不知道如何选择和应用图表，或者面临海量数据无从入手，借助 AI 技术，也能轻松提升 Excel 技能，实现高效、精准的数据分析与应用，让工作更智能、便捷。

14.4.1 AI 快速生成表格样例

AI 可以根据用户的需求，自动生成表格样例，用户只需在表格样例中输入数据即可完成表格制作。

问题 1 生成一组表格数据。

❓ 提问

> 绘制一份包含 10 组数据 "工号 姓名 工龄 基本工资 绩效奖金 总工资" 的表格。

AI 回答

当然可以！以下是一个包含10组数据的"工号 姓名 工龄 基本工资 绩效奖金 总工资"的表格。

工号	姓名	工龄	基本工资	绩效奖金	总工资
001	张三	5年	5000元	1000元	6000元
002	李四	3年	4500元	800元	5300元
003	王五	2年	4000元	600元	4600元
004	赵六	8年	6000元	1200元	7200元
005	刘七	4年	5500元	900元	6400元
006	陈八	1年	3500元	500元	4000元
007	周九	6年	6500元	1100元	7600元
008	吴十	9年	7500元	1500元	9000元
009	张十一	2年	4250元	750元	5000元
011	王十二	3年	4750元	950元	5700元

请注意，这只是一个示例表格，数据是随机生成的。你可以根据实际情况修改表格中的数据和添加更多行。

问题2 想制作一份资产负债表。

提问 生成一个资产负债表。

回答 资产负债表是展示公司在某个特定日期的财务状况的财务报表。以下是一个简化版的资产负债表的例子。

资产	负债
流动资产:	流动负债:
现金及现金等价物	应付账款
应收账款	短期借款
存货	应付职工薪酬
预付款项	应交税费
其他流动资产	其他流动负债
非流动资产:	非流动负债:
长期投资	长期借款
固定资产净值	递延所得税负债
无形资产净值	其他非流动负债
商誉净值	
递延所得税资产	
其他非流动资产	
总资产	总负债

请注意，实际的资产负债表可能会因公司的具体情况和所用的会计准则而有所不同，此表只是一个简化版的示例，不包括所有的可能项目或详细的列示。在一个真实的资产负债表中，可能会看到更多的详细信息，例如每个资产的详细说明、每个负债的具体描述，以及所有者权益等。之后可复制数据，并将其粘贴至 Excel 表格中。

问题3 想制作一份进销存表。

提问 生成一个进销存表。

回答 当然，我可以帮助你制作一个简单的进销存表。以下是一个基本的进销存表的示例。

产品名称	库存数量	入库数量	出库数量	备注
产品A	100	50	30	
产品B	200	100	70	
产品C	300	150	110	
产品D	400	200	180	

现在，我将解释如何使用这个表格来跟踪库存和销售情况。

（1）产品名称：列出你的产品名称。

（2）库存数量：表示当前库存中每种产品的数量。

（3）入库数量：记录添加到库存中的产品数量。例如，如果产品A的入库数量为50，表示有50个新的产品A添加到了库存中。

（4）出库数量：记录从库存中发出的产品数量。例如，如果产品A的出库数量为30，表示从库存中发出了30个产品A。

（5）备注：可以用来记录其他相关信息，如产品的来源、发货日期等。

你可以根据实际情况对这个表格进行扩展或修改。如果你需要更复杂的进销存管理系统，可能需要使用专门的软件或数据库系统来实现。希望这个简单的表格示例对你有所帮助！如有其他问题，请随时提问。

14.4.2　AI 助力选择最佳图表类型

如果不知道应该使用哪种图表类型，可以询问 AI，AI 会根据数据的特点和问题的具体情况给出相应的建议。这样可以更加准确地表现数据的特点，同时也可以提高图表的可读性和易用性。

问题 1　已知要展示的数据类型，询问使用哪种图表合适。

❓ 提问　如果要在 Excel 中展示部分城市的空气质量指数，需要用什么类型的图表？

AI 回答　如果要在 Excel 中展示部分城市的空气质量指数，可以使用柱形图或者条形图。这些图表能够清晰地展示每个数据点在一个或多个维度上的比较情况。

以下是一个在 Excel 中创建柱形图（Bar Chart）的示例。

首先打开 Excel，并打开你的数据集。假设你的数据集包含两列，一列是城市名称（在 A 列中），另一列是空气质量指数（在 B 列中）。

在 Excel 的菜单栏中选择"插入"（Insert），然后在下拉菜单中选择"图表"（Chart）。

在弹出的窗口中选择"柱形图"（Bar Chart），然后选择你喜欢的柱形图样式。Excel 会自动将你的数据展示在图表中。

以上信息仅供参考，如有其他疑问，可咨询 Excel 的图形绘制指导。

问题 2　已知图表的展示目的，但不知道该用哪种图表。

❓ 提问　如果要展示多种数据的占比情况，该使用哪种图表？

AI 回答

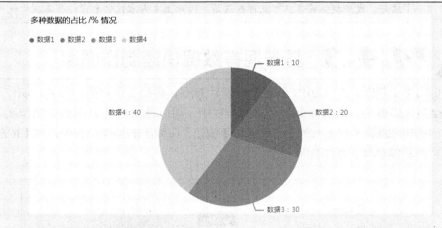

1. 抽取图表中的数据并以表格形式输出

以下是图表中数据的表格形式表示：

数据类别	占比 /%
数据 1	10
数据 2	20
数据 3	30
数据 4	40

2. 解释为什么选择这种图表类型，以及这种类型的优点是什么

选择的是饼图（Pie Chart）作为图表类型。饼图是一种常用的可视化工具，能有效地展示数据的占比情况，将数据的比例关系直观地呈现给读者。它有以下优点。

直观：饼图以图形的方式展示了各部分与整体的比例，观者可以一目了然地看到各部分所占的整体比例。

易于比较：饼图使得各部分之间的比例比较变得简单明了，方便观者快速了解和比较各部分的比例。

有利于传达信息：饼图所传达的信息清晰明了，对于需要快速了解和比较数据的人来说是非常有用的。

3. 描述图表所展示的具体内容

该饼图展示了四种数据的占比情况，这四种数据分别为数据1、数据2、数据3和数据4。从图表中，我们可以看到数据4占比最大，占据了总体的40%，而数据1的占比最小，只有10%。通过该饼图，我们可以快速了解这四种数据的相对比例，从而更好地理解数据的分布情况。

4. 分析图表数据所揭示的深层含义或趋势

该饼图显示的数据并没有明确的深层含义或趋势，它主要是为了直观展示四种数据的比例关系。然而，我们可以通过这个饼图了解到，在这四种数据中，数据4是最大的部分，可能意味着它在整体中具有重要地位。同时，数据1的比例最小，可能表示它在整体中的重要性相对较低。

但是，具体的深层含义或趋势需要结合实际情境和背景信息来进一步理解和分析。例如，如果这些数据代表的是某种产品的消费者购买行为，那么数据4可能是最受欢迎的产品类别，而数据1可能是相对来说较不那么受欢迎的产品类别。

我（文心一言）是百度开发的人工智能模型，通过分析大量公开文本信息进行学习。然而，我所提供的信息可能存在误差。因此上文内容仅供参考，并不应被视为专业建议。

14.4.3 基于现有数据快速制作图表

相比手工制图，AI 能更快速地生成设计方案，提高工作效率。此外，制作完成的图表可以保存到计算机中，兼容性强。在文心一言中，可以使用 E 言易图插件制作图表。打开文心一言，单击问题输入框上方的【选择插件】按钮，在弹出的插件列表中选择【E 言易图】选项，调用 E 言易图插件，如下图所示。

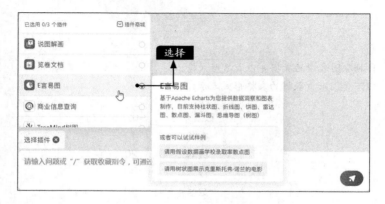

问题 根据已有数据制作图表。

❓提问

月份	销售量
202301	130
202302	240
202303	190
202304	450
202305	240
202306	180
202307	210
202308	140

我需要做数据分析，这个是已有的数据，根据此数据绘制一个折线图。

AI 回答

下面的图表展示了已有数据。

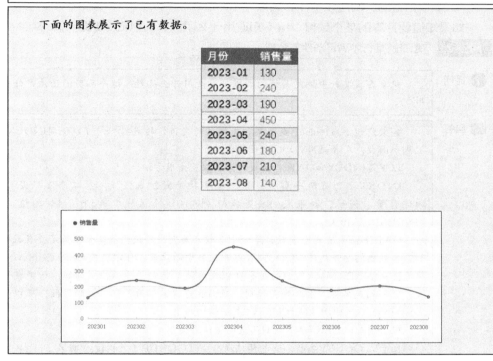

之后可复制图表，并将其粘贴至 Excel 或其他文档中。

14.4.4 了解函数用法，数据分析得心应手

Excel 函数的学习难点在于其语法复杂、参数多变，初学者难以理解和记忆；应用场景多样，需要经验积累；错误分析和调试困难；实际应用案例的掌握需要大量实践。但通过使用 AI 技术，我们可以快速掌握 Excel 函数的基本概念、语法规则、应用场景等方面的知识，从而提高学习效率。

（1）已知函数，问用法

打开 AI 语言模型后，直接输入某个函数的名称，即可了解该函数的用法以及使用示例。

问题 1　想知道 COUNTIF 函数如何使用。

❓ 提问

> COUNTIF 函数的语法是什么？如何使用？给出示例。

AI 回答

> COUNTIF函数的语法是=COUNTIF（range，criteria）。
>
> 其中range表示条件区域，即对哪个单元格或区域进行计数，criteria表示条件，可以是数字、表达式或文本，甚至可以使用通配符。
>
> 以下是一个COUNTIF函数的使用示例：
>
> 在某Excel工作表中，假设A列为学生的成绩，B列为学生的姓名，现在要统计A列中分数大于等于90分的学生人数。
>
> 在B列以外的任意单元格中输入=COUNTIF（A2:A10,>=90），然后按【Enter】键即可得到结果。

（2）根据目的，问应该用什么函数

如果知道要计算的某个数值，但不知道用什么函数，可以向 AI 提问。

问题 2　想查找某行中满足条件的数据。

❓ 提问

> 想要查找某行中满足条件的数据，该使用什么函数？这个函数的语法是什么？如何使用？

AI 回答

> 如果您想要在Excel中查找某行中满足特定条件的数据，您可以使用INDEX和MATCH这两个函数，或者使用VLOOKUP函数。
>
> 以下是INDEX和MATCH函数的语法以及使用方法：
>
> INDEX函数有两个参数，第一个参数是数组或区域，第二个参数是行数和列数的偏移量。例如，如果我们要查找A1到A10这个区域中第3行第4列的值，可以使用=INDEX(A1:A10,3,4)。
>
> MATCH函数有两个参数，第一个参数是要查找的值，第二个参数是要查找的区域。例如，如果我们要查找值8在A1到A10这个区域中的位置，可以使用=MATCH(8,A1:A10,0)。
>
> 使用INDEX和MATCH的组合可以找到满足特定条件的值。例如，如果我们有一个区域，第一列是名称，第二列是性别，我们要查找名字为"张三"的男性，可以使用以下公式：=INDEX(A1:B10,MATCH("张三",A1:A10,0),2)。
>
> 以上就是INDEX和MATCH函数的语法和使用方法。
>
> 至于VLOOKUP函数，它的语法是：=VLOOKUP（查找值,数据表,列数,匹配类型），其中：
>
> 查找值为需要查找的数据值；
>
> 数据表为需要查找的数据表；
>
> 列数为返回查找数据在数据表的哪一列；
>
> 匹配类型用于指定匹配方式，0代表完全匹配，1代表近似匹配。
>
> 例如，我们要在A列查找值为"苹果"的水果价格，可以在B列输入=VLOOKUP（"苹果", A1:C5,2,FALSE），则返回值为对应的B列的值。
>
> 以上就是VLOOKUP函数的语法和使用方法。

14.4.5 解读公式，数据处理更高效

对那些不熟悉 Excel 公式或需要快速理解公式意义的用户来说，通过 AI 解读 Excel 公式，用户可以更加高效地处理数据，提高工作效率，并减少出错的可能性。

？提问 1

"=MAX((I17 − SUM(J17:M17) − N17 − 5000)*{0.03,0.1,0.2,0.25,0.3,0.35,0.45} − {0,210,1410,2660,4410,7160,15160},0)" 是 Excel 表格中计算个税的公式，其中 J17:M17 为社保代扣除，N17 为专项扣除，帮我解读这个公式。

AI 回答 1

这个公式是用来计算个人所得税的，具体解读如下：

1. I17 − SUM(J17:M17) − N17 − 5000：这部分是计算应纳税所得额。首先，从 I17 单元格中减去 J17 到 M17 单元格中的社保代扣总额（SUM(J17:M17)），然后减去 N17 单元格中的专项扣除，最后再减去 5000 元的基本免税额。

2. {0.03,0.1,0.2,0.25,0.3,0.35,0.45}：这部分是税率数组，表示不同级别的税率。根据个人所得税法，税率分为七档，分别为 3%、10%、20%、25%、30%、35% 和 45%。

3. {0,210,1410,2660,4410,7160,15160}：这部分是速算扣除数数组，用于简化计算过程。每个税率对应一个速算扣除数。

4. MAX((I17 − SUM(J17:M17) − N17 − 5000)*{0.03,0.1,0.2,0.25,0.3,0.35,0.45} − {0,210,1410,2660,4410,7160,15160},0)：这部分是实际计算个税的部分。首先，将应纳税所得额乘以对应的税率，然后减去对应的速算扣除数。如果结果为负数或零，则返回零；否则，返回计算出的税额。

综上，这个公式的作用是根据应纳税所得额、税率和速算扣除数来计算个人所得税。

？提问 2

这个公式在 Excel 中有什么用途或例子吗？

AI 回答 2

在 Excel 中，这个公式主要用于计算个人所得税，这在财务和会计中是常见的需求，示例如下。

1. 工资表计算：工资表中的个税列可以拆分为累计应缴预扣所得额、累计税额、本月应扣缴税额三列。以一月工资表为例，D2 单元格中的公式 =B2 − C2 − 5000 用于计算累计所得额，即工资减去扣除项（此处为 5000 元）。E2 单元格中的公式 =MAX(B2 − C2 − 5000)*{0.03,0.1,0.2,0.25,0.3,0.35,0.45} − {0,210,1410,2660,4410,7160,15160},0) 则根据累计所得额和所得税率计算出本月累计税额。F2 单元格中的公式 =E2 则表示本月应扣缴的税额。

2. 临时工工资计算：如果需要计算临时工的工资，例如月薪 12000 元，每个月的个人所得税该交多少？首先需要明确个人所得税的要素：应纳税金额和税率。起征点为 5000 元，即月薪小于等于 5000 元的不用交个人所得税。应纳税金额 = 月薪 − 免征额（5000）− 扣除项，扣除项主要包括：三险一金、子女教育、赡养老人、住房租金等。假设此人的三险一金为 1000 元，子女教育 1000 元，赡养老人 1000 元，那么应纳税金额 = 12000 − 5000 − 1000 − 1000 − 1000 = 4000 元。此人的应纳税金额为 4000 元，属于 3000 到 12000 元档，税率为 10%，速算扣除数为 210。应纳税额 = 4000 * 10% − 210 = 400 − 210 = 190 元。

14.4.6 智能编写公式，简化计算过程

在使用 Excel 时，如果对表格数据感到困惑，不知道应该使用哪个公式，可以向 AI 寻求帮助。AI 能够根据你提供的信息和需求，为你推荐合适的公式，让你的工作更加高效。

问题 如下图所示，需要计算出"财务部"所有员工的工资总和，但不知道用什么函数？

	A	B	C	D	E	F
1	姓名	部门	实发工资		选择部门	
2	张伟	财务部	12796		财务部	
3	张静	行政部	8110			
4	王芳	人事部	12277			
5	李伟	财务部	9045			
6	刘强	行政部	9037			
7	李秀英	人事部	5358			
8	李娜	行政部	7016			
9	王磊	财务部	11391			

❓ 提问

　　如下表所示，A2:C9 为数据区域，E2 单元格中是要求和的部门，需要在 F2 单元格中计算出财务部所有员工的实发工资总和，该使用哪个函数？

姓名	部门	实发工资
张伟	财务部	12796
张静	行政部	8110
王芳	人事部	12277
李伟	财务部	9045
刘强	行政部	9037
李秀英	人事部	5358
李娜	行政部	7016
王磊	财务部	11391

AI 回答

　　要计算财务部门所有员工的实发工资总和，可以使用SUMIFS函数。在F2单元格中，输入以下公式：

=SUMIF(B2:B9,E2,C2:C9)

　　这个公式的含义是：在C2:C9范围内找到对应部门为E2（即财务部）的所有实发工资，并将它们相加。

　　请确保在输入公式时，要根据你的Excel版本，确保使用适当的函数和语法。此公式在Excel中的SUMIFS函数版本应该可以满足你的需求。

　　此时，可以按照上述方法，在 F2 单元格中输入上述公式，计算出财务部所有员工的实发工资总和，如下图所示。

F2		▼ : ✕ ✓ *fx*	=SUMIF(B2:B9,E2,C2:C9)				
	A	B	C	D	E	F	G
1	姓名	部门	实发工资		选择部门		
2	张伟	财务部	12796		财务部	33232	
3	张静	行政部	8110				
4	王芳	人事部	12277				
5	李伟	财务部	9045				
6	刘强	行政部	9037				
7	李秀英	人事部	5358				
8	李娜	行政部	7016				
9	王磊	财务部	11391				
10							
11							
12							

14.4.7 重复项目标注与归类

Excel 具有删除重复项的功能，但在某些情况下，直接删除重复项可能会导致数据丢失或混淆。遇到这种情况，我们可以借助 AI 来处理。AI 可以将重复数据高亮显示或将其单独归类，以方便用户进一步处理重复数据。

问题 1 检查数据时，将重复项单独标注出来。

? 提问

将下列数据中的重复项标注（重复）两个字。
张三
李四
王五
丁六
乔七
段八
陈九
冯十
张三
段八

AI 回答

张三（重复）
李四
王五
丁六
乔七
段八（重复）
陈九
冯十

问题 2 将重复项归类，单独挑选出来。

? 提问

单独挑选出下面数据中的重复项。
张三
李四
王五
丁六
乔七
段八
陈九
冯十
张三
段八

AI 回答

重复项为：
张三
段八

问题3 如有重复项，仅保留第一个，将其他重复项删除。

❓ 提问
删除下面数据中的重复项，如重复，仅保留第一个。
张三
李四
王五
丁六
乔七
段八
陈九
冯十
张三
段八

AI 回答
根据提供的数据，重复出现的项是"张三"和"段八"。删除重复项后的数据为：
张三
李四
王五
丁六
乔七
段八
陈九
冯十

14.4.8 VBA 代码生成专家：简化编程，提升效率

VBA 可以自动化处理大量重复的工作，如果不懂 VBA，可以使用 AI 生成 VBA 代码，并将生成的代码添加到 Excel 中运行。

❶ 根据需要生成代码。

问题1 如果表格中的数据有重复项，将其用红色文字标注出来。

❓ 提问
编写一段 VBA 代码，检查所选内容中是否有重复项，并将所有重复项用红色字体标注出来。

AI 回答
以下是一段VBA代码，用于检查所选内容中是否有重复项，并将所有重复项用红色字体标注：

```vba
Sub CheckDuplicates()
    Dim lastRow As Long
    Dim i As Long, j As Long
    Dim arr() As Variant

    '获取数据表的最后一行
    lastRow = ActiveSheet.Cells(Rows.Count, 1).End(xlUp).Row

    '将所有数据存入数组中
    ReDim arr(1 To lastRow)
```

```
    For i = 1 To lastRow
        arr(i) = ActiveSheet.Cells(i, 1).Value
    Next i

    '检查是否有重复项
    For i = 1 To lastRow - 1
        For j = i + 1 To lastRow
            If arr(i) = arr(j) Then
                ActiveSheet.Cells(i, 1).Font.Color = RGB(255, 0, 0)
                ActiveSheet.Cells(j, 1).Font.Color = RGB(255, 0, 0)
            End If
        Next j
    Next i
End Sub
```

　　这段代码首先获取了数据表的最后一行，然后将所有数据存储在一个数组中。接下来，它使用两个嵌套的循环来检查是否有重复项，如果有，则将该单元格的字体颜色设置为红色。这段代码会将所有重复项的字体颜色都设置为红色。

❷　打开"重复项 .xlsx"素材文件，单击【开发工具】选项卡下【代码】组中的【Visual Basic】按钮 ，如下图所示。

> **提示**　如果没有【开发工具】选项卡，可右击功能区，在弹出的快捷菜单中选择【自定义功能区】命令，添加【开发工具】到主选项卡中。

❸　打开 VBA 编辑器，双击左侧窗口中的 Sheet1 选项，并将代码复制到右侧打开的窗口中，单击【运行子过程 / 用户窗体】按钮，如下图所示。

❹　弹出【宏】对话框，单击【运行】按钮。最终得到的效果如下图所示。

	A	B
1	**姓名**	
2	张三	
3	李四	
4	王五	
5	丁六	
6	乔七	
7	段八	
8	陈九	
9	冯十	
10	张三	
11	段八	

问题 2　同时插入多个工作表。

❓ **提问**　编写一段 VBA 代码，要求可以弹出输入框，通过输入框，可同时插入多个工作表。

AI 回答

```
Sub InsertMultipleWorksheets()
    Dim wsNames As Variant
    Dim inputValue As String
    Dim i As Integer

    '弹出输入框并获取用户输入的工作表名称
    inputValue = InputBox("请输入要插入的工作表名称，多个名称用逗号分隔", "插入工作表")

    '将输入的字符串转换为数组
    wsNames = Split(inputValue, ",")

    '遍历数组并插入工作表
    For i = LBound(wsNames) To UBound(wsNames)
        Worksheets.Add(After:=Worksheets(Worksheets.Count)).Name = wsNames(i)
    Next i
End Sub
```

在上述代码中，我们使用 InputBox 函数弹出输入框，并提示用户输入要插入的工作表名称。用户输入的字符串将通过 Split 函数转换为数组 wsNames。然后，我们使用 For 循环遍历数组中的每个元素，并使用 Worksheets.Add 方法在现有工作表的后面插入一个新工作表，并将其命名为数组中的相应元素。最终，代码将插入所有指定的工作表。

运行代码，弹出【插入工作表】对话框，输入多个工作表的名称后，单击【确定】按钮，即可新建多个工作表，如下图所示。

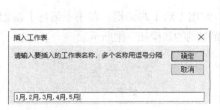

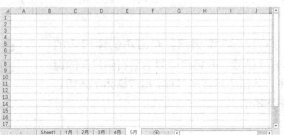

14.5 AI 与 PPT：智能演示制作

AI 技术在 PPT 制作中的应用，让演示文稿的制作更加高效、便捷。从快速生成模板到智能规划大纲，再到生成插图和解决配色难题，AI 都能帮助用户制作精美的 PPT。

14.5.1 输入主题，AI 智能生成 PPT 模板

讯飞星火提供了"智能 PPT 生成"插件，具备创建个性化演示文稿模板的功能，可以根据用户的需求生成相应的模板，极大地提高了演示文稿的制作效率。

❶ 打开讯飞星火，在【插件】区域中勾选【智能 PPT 生成】复选框，如下图所示。

❷ 在问题输入框中输入需求，生成 PPT 模板。

问题　　需要某一类 PPT 模板。

? 提问

> 请制作一份年终工作总结报告 PPT。

AI 回答

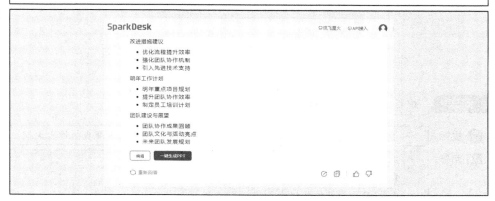

❸ AI 生成大纲后，单击【编辑】按钮，弹出【PPT 大纲编辑调整】对话框，可对大纲内容进行调整，确定内容后，单击【一键生成 PPT】按钮，如下图所示。

❹ 此时即可打开"讯飞智文"网页页面，生成 PPT，完成后，用户可查看，也可单击【导出】按钮进行下载，如下图所示。

❺ 弹出【文件导出】对话框，选择要导出的格式，如下图所示。

❻ 根据提示下载 PPT，然后打开该文件，如下图所示，可使用 PowerPoint 查看或修改。

14.5.2 智能规划 PPT 大纲，提高制作效率

AI 可以根据用户的需求，自动分析文本内容，生成合适的 PPT 大纲。这样一来，用户无须花费大量时间在规划 PPT 结构上，可以将更多的精力投入内容的创作和优化上。同时，AI 还可以根据用户的反馈，不断调整和完善 PPT 大纲结构，使其更加符合用户的需求。

下面以"讯飞星火"为例进行介绍。进入【星火助手中心】，在搜索框中输入"PPT 大纲"并按【Enter】键，在结果中选择一个主题，如下图所示。

问题   想要知道某种类型的 PPT 应包含哪些内容。

？提问   我是企业销售部门经理，需要做一份销售报告 PPT，请帮我制作出大纲。

AI 回答

PPT 大纲：

I. 封面页

A. 标题：企业销售报告

B. 副标题：日期、部门、经理姓名

II. 目录页

A. 报告主要内容概览

III. 公司简介

A. 公司历史和背景

B. 公司业务范围和主要产品或服务

C. 公司的市场地位和竞争优势

IV. 销售业绩总览

A. 本季度/年度销售总额

B. 与上一季度/年度的比较

C. 达成的销售目标情况

V. 销售分析

......

X. 结论和建议

A. 对本次销售报告的总结

B. 对未来销售工作的展望和建议

XI. Q&A 环节

A. 开放提问时间，解答相关问题

XII. 结束语和致谢

A. 对听众的感谢

B. 鼓励和激励的话语

14.5.3 高效生成 PPT 内容：根据主题自动生成

AI 不仅可以帮助我们快速生成 PPT 的大纲，还可以根据主题自动生成相关的内容，可以大大节省时间和精力，让我们更高效地完成 PPT 的制作。

问题　确定主题内容，生成详细的 PPT 内容。

? 提问　我需要做一份 PPT，请根据我的主题"消防知识安全培训"来生成 PPT 的内容。

AI 回答

【目录】
1.消防安全知识培训背景
2.火灾的危害
3.火灾预防措施
4.灭火器的使用方法
5.火场逃生的自救互救
6.总结与展望
【内容】
1.消防安全知识培训背景
介绍消防安全知识培训的目的和意义
介绍消防安全知识培训的内容和形式
2.火灾的危害
介绍火灾的定义和分类
分析火灾的危害和影响
介绍火灾事故案例及原因分析
……
总结与展望
总结本次消防安全知识培训的主要内容和成果
分析本次培训的不足之处及改进方向
对未来消防安全工作的展望和建议

AI 生成详细内容后，用户可以根据需求不断调整和完善。

14.5.4 AI 生成 PPT 精美插图

制作 PPT 时，往往需要寻找合适的图片来丰富演示文稿。这个过程非常耗时，并且不一定能找到完全符合需求的图片。为了解决这个问题，我们可以借助 AI 语言模型的"AI 绘画"功能。只需描述想要的图片类型，就能生成一张全新的、完全定制的图片。

打开文心一言，单击【一言百宝箱】按钮，进入【一言百宝箱】页面，搜索"配图"，在结果中选择要使用的主题，这里选择【配图工具】，单击【使用】按钮，如下图所示。

问题	想要一幅山水画。

提问	制作一张春意盎然的图片，能展现春天的生机，有山有水。

好的，根据你的需求，我为你创作了一幅画作。我的作画技能还在不断进化中，暂时还不支持对画作的修改和解释。如果需要继续让我为你画，请完整描述你的需求，如："帮我画在水果里冲浪的小企鹅"。

14.5.5 解决 PPT 配色难题，AI 来帮忙

对大多数人来说，PPT 的配色是一个难题。别人制作的 PPT 色彩搭配合理，令人赏心悦目，而自己制作的 PPT 不是大红就是大绿，颜色搭配千奇百怪，非常不美观。此时借助 AI 可以找到合适的配色。

问题	想要为某种类型的 PPT 找到合适的色彩搭配。

提问	我想做一份介绍手机的 PPT，应该如何选择配色？推荐几种合理的色彩搭配。

回答	在制作介绍手机的 PPT 时，可以选择以下几种配色方案，以呈现清晰、吸引人的视觉效果。

色彩搭配方案一：蓝色和白色

这种配色方案非常清新、简洁，适合介绍手机的外观、屏幕、相机等特点。在 PPT 中，可以使用浅蓝色作为背景色，搭配白色文本和图形，以呈现更加鲜明的视觉效果。例如，可以使用渐变蓝色的背景，加上白色的大标题和副标题，突出手机的卖点。

色彩搭配方案二：黑色和灰色

这种配色方案非常高贵、稳重，适合强调手机的品牌、性能、配置等特点。在 PPT 中，可以使用黑色作为背景色，搭配灰色文本和图形，以呈现出更加精致的视觉效果。例如，可以使用黑色背景加上灰色的线条和文字来描述手机的工艺和设计理念。

色彩搭配方案三：红色和黄色

这种配色方案非常活泼、热情，适合介绍手机的特色功能和卖点。在 PPT 中，可以使用红色作为背景色，搭配黄色文本和图形，以呈现出更加醒目的视觉效果。例如，可以使用红色背景加上黄色的大标题和副标题，突出手机的独特功能。

色彩搭配方案四：绿色和青色

  这种配色方案非常自然、清新，适合介绍手机的新技术、操作系统等特点。在 PPT 中，可以使用绿色作为背景色，搭配青色文本和图形，以呈现出更加清新的视觉效果。例如，可以使用绿色背景加上青色的线条和文字来描述手机的操作系统和芯片技术。

  在选择配色方案时，需要根据手机的特点和要突出的卖点来选择合适的颜色。同时，可以在 PPT 中运用对比强烈的色彩搭配来增加视觉冲击力和吸引力。希望以上推荐的颜色搭配能帮助您制作出专业的介绍手机的 PPT。

第15章

AI 与其他办公任务的高效融合

本章导读

　　AI 的功能远不只辅助完成 Office 各类文档那么简单。在现代办公环境中，AI 已经成为一位全能的助手，能够帮助我们处理各种琐碎而重要的任务，从而提升工作效率。

重点内容

✚ 掌握用 AI 编写工作汇报的方法
✚ 掌握用 AI 撰写和回复邮件的方法
✚ 掌握用 AI 绘制流程图和思维导图的方法
✚ 掌握用 AI 辅助记录会议内容的方法

15.1　AI 助力编写工作汇报

在日常工作中，编写各类工作汇报材料是不可或缺的一环。这些材料可能包括月工作汇报、年终工作汇报、述职报告等。编写这些材料需要耗费大量的时间和精力，而且需要保证内容的准确性和条理性。

然而，AI 的出现可以为我们提供帮助。AI 可以通过智能分析、整理和优化，让汇报内容更加专业、准确。它可以根据不同的汇报类型和要求，自动生成相应的结构和内容，从而大大提高编写效率和质量。

问题　需要一份第 1 季度的工作汇报材料。

❓ 提问　我是一名产品经理，本季度的工作内容为完成了产品原型设计和 UI 设计，通过与市场部、其他部门及领导的沟通，确保了产品的开发与推广。在产品推广过程中，通过社交媒体、广告、线下活动等多渠道的宣传和推广，对产品的运营数据进行分析，为后续的优化和调整提供了思路。请基于上述内容，帮我写一份 2024 年第 1 季度的工作汇报，汇报分为产品规划和设计、团队协作与沟通、市场推广与运营、总结，内容要简洁、重点突出。

AI 回答

2024年第1季度工作汇报

一、产品规划和设计

在产品原型设计阶段，我们进行了多次用户调研和访谈，了解用户需求和痛点。通过分析调研数据，我们发现用户对产品的易用性和交互体验有较高的要求。因此，我们在产品原型设计中注重简洁明了的设计风格和直观的交互方式，以提高产品的易用性和用户体验。

在UI设计方面，我们注重产品的视觉效果和品牌形象。我们与设计师紧密合作，根据公司的品牌形象和市场定位，设计出一套符合用户审美和品牌定位的UI方案。通过精美的视觉设计和品牌元素的融入，我们提升了产品的吸引力和品牌形象。

二、团队协作与沟通

在团队协作方面，我积极与技术团队保持紧密合作。在产品设计和开发过程中，我与技术团队进行了多次沟通和协作，确保产品的技术实现和性能优化。通过与技术团队的紧密合作，我们成功地解决了开发过程中的技术难题，并按时完成了产品的开发和上线。

在与其他部门的沟通方面，我积极与市场部、销售部等部门保持联系。在产品推广和运营过程中，我与市场部合作制定了推广计划和营销策略，与销售部沟通了解客户需求和市场反馈。通过与其他部门的紧密合作，我们确保了产品的顺利推广和运营，并取得了良好的市场效果。

三、市场推广与运营

在社交媒体营销方面，我们通过微博、微信等社交媒体平台进行宣传和推广。我们制定了详细的社交媒体营销计划，包括内容策划、发布频率、互动策略等。通过精准的社交媒体营销，我们成功地提高了产品的知名度和曝光率，吸引了大量潜在用户。

在广告投放方面，我们选择了搜索引擎广告、社交媒体广告等多种渠道进行投放。通过对广告数据的分析和优化，我们不断调整广告策略和投放方式，以提高广告的点击率和转化率。通过广告投放的精准定位和优化策略，我们成功地提高了产品的曝光度和用户转化率。

四、总结

本季度的工作中，我们不仅完成了产品规划和设计、团队协作与沟通以及市场推广与运营等任务，还取得了显著的成果。通过深入的市场调研和数据分析、高效的团队协作和沟通以及全面的市场推广和运营策略的实施，我们成功地推动了产品的顺利发展和公司的不断进步。

通过不断的学习和实践，我积累了丰富的产品经理经验，并提升了自身的专业能力和团队协作能力。在接下来的工作中，我将继续努力提升自己的专业技能和管理能力，为公司的发展做出更大的贡献。同时，我也将不断寻找改进和提升的机会，以推动产品的持续发展和公司的不断进步。

在生成工作汇报后，用户可以根据自己的需要继续提问，让生成的内容更加满足需求。例如，可以要求继续深入介绍某个主题，或者突出案例中的细节部分。此外，用户还可以要求补充一些与主题相关的内容，以便更好地理解和评估生成的工作汇报。

15.2 AI 与邮件管理的结合

在撰写商务邮件，或者面对一些不确定如何回复的邮件时，我们可以让 AI 生成相关内容，为我们提供思路和参考。

15.2.1 高效快速撰写商务邮件

AI 能够快速、准确地生成专业、高质量的商务邮件，从而节省时间、提高工作效率，并确保信息的准确传递。

 提问 1　你是我的邮件助手，我是一名市场经理，需要给客户写一封关于"年终大促订购活动"邮件，邮件内容为 2024 年 1 月 10 日，活动安排，要求"表达热情、吸引客户、内容简洁"，具体方案见附件。

AI 回答 1

主题：【重要通知】2024 年年终大促订购活动火热来袭！

尊敬的客户，

您好！首先感谢您在过去的一年里对我们公司的支持与信任。我们非常高兴地宣布，即将在 2024 年 1 月 10 日举办一场盛大的"年终大促订购活动"！

这场活动将为您带来前所未有的购物体验，让您在享受优质产品的同时，还能享受到超值的优惠和惊喜福利。为了让您更好地了解本次活动，我们特此准备了以下精彩内容：

【活动时间】

2024 年 1 月 10 日，不容错过！

【活动内容】

全年最低价：在活动期间，我们将为您呈现全年最低价的产品，让您买到真正超值的好物。

订购满额赠品：只要您的订单金额达到指定要求，即可获得丰厚的赠品。

会员专属福利：会员用户还将享受到更多专属福利，敬请期待！

【温馨提示】

请提前做好购物准备，避免活动当天因流量过大导致购物不顺畅。

为了方便您更好地参与活动，我们还准备了一份详细的【活动方案】，请您务必查阅。我们相信，在这次活动中，您一定能够收获到满满的惊喜和满足！

如果您有任何疑问或建议，请随时联系我们的客服团队。我们将竭诚为您服务，确保您在活动期间享受到最优质的服务。

再次感谢您对我们公司的支持与信任。期待在 2024 年年终大促订购活动中与您相见！让我们一起迎接美好的新年！

热情的问候，

[您的名字]

[市场经理]

[公司名称]

虽然这封邮件内容较为真诚，但是内容较多，可以再进行提问，使其更简洁。

> **❓ 提问 2**　　内容过多，要简洁、正式。

> **A 回答 2**
>
> 标题：2024 年 1 月 10 日年终大促订购活动安排
>
> 正文：
>
> 尊敬的客户，
>
> 您好！我是您的市场经理。很高兴在此通知您，我们即将在 2024 年 1 月 10 日举行年终大促订购活动。
>
> 此次活动的安排如下：
>
> 日期：2024 年 1 月 10 日
>
> 内容：所有商品将享受至少 20% 的折扣优惠
>
> 目标：感谢您过去一年的支持，并希望在新的一年里继续与您合作
>
> 我们相信这次活动将为您提供一个极好的机会，以优惠的价格购买到高质量的产品。我们期待您的参与，并期望通过这次活动进一步加强我们的合作关系。
>
> 如果您有任何疑问或需要进一步的信息，请随时与我联系。我非常愿意为您提供帮助。附件中包含了详细的活动方案，请您查阅。
>
> 谢谢您的关注和支持！期待在活动中见到您。
>
> 顺祝商祺，
>
> [你的名字]
>
> 市场经理

15.2.2　根据收到的邮件内容提供回复

在面对客户或领导发来的邮件时，如果感到困惑不知如何恰当地回复，可以利用 AI 来帮助我们。通过分析邮件的内容，AI 能够为我们提供合适的回复建议，从而让我们在商务沟通中更加得心应手。

> **❓ 提问**　　下面是一封客户发来的"催促发货"邮件，请根据邮件内容帮我提供回复模板，阐述原因：本地交通限制，会在 3 天后安排发货。邮件内容如下：
>
> 尊敬的 ×× 有限公司，
>
> 我希望您一切都好。
>
> 我们于 2024 年 1 月 1 日下的订单，订单编号为 12345678，至今尚未发货。我们急需这些货物以继续我们的业务。
>
> 请您确认发货日期并告知我们。如果您需要任何其他信息或文件，请尽快告知。
>
> 期待您的回复。

谢谢。
张三
总经理
×× 商贸公司

AI 回答

尊敬的张三总经理，

您好！感谢您对我们公司的关注和支持。我非常理解您对订单的迫切需求，并深感抱歉因为本地交通限制导致您的订单延迟发货。

经过与相关部门的沟通和协调，我很高兴地告诉您，我们将在 3 天后安排发货。我们深知这对您的业务可能造成的影响，因此我们将尽一切努力确保货物能够尽快到达您的手中。

为了加快发货进程，请您确认以下信息：

1. 收货地址是否仍然有效？如果有任何变更，请及时告知我们。

2. 是否有任何其他特殊要求或注意事项需要我们注意？如果有，请在回复中详细说明。

如果您需要提供任何其他信息或文件以加快发货进程，请随时告知我们。我们将尽快处理并提供所需的支持。

再次对给您带来的不便表示诚挚的歉意，并感谢您对我们的理解和耐心等待。我们将竭尽全力确保您的订单能够按时送达，并为您提供最优质的服务。

期待您的回复。

谢谢。

祝商祺！

小小
市场部经理
×× 有限公司

15.3 绘制流程图和思维导图

流程图和思维导图是日常办公中经常使用的工具，它们能够帮助我们更好地组织和表达思路。借助 AI 技术，我们可以快速生成流程图和思维导图，大大提高我们的工作效率。

15.3.1 绘制客户订单处理流程图

下面将通过 AI 绘制客户订单处理流程图，具体操作步骤如下。

❶ 打开讯飞星火，在【插件】区域中勾选【Process On】复选框，如下图所示。

❷ 在问题输入框中输入需求，绘制客户订单处理流程图。

提问

帮我绘制一个客户订单处理流程图，要求逻辑清晰，流程详细。

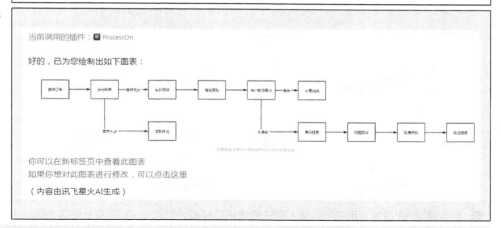

回答

你可以在新标签页中查看此图表
如果你想对此图表进行修改，可以点击这里

（内容由讯飞星火AI生成）

❸ 单击【如果你想对此图表进行修改，可以点击这里】超链接，即可跳转到"Process On"网站，用户登录该网站后，即可看到讯飞星火生成的流程图，如下图所示。

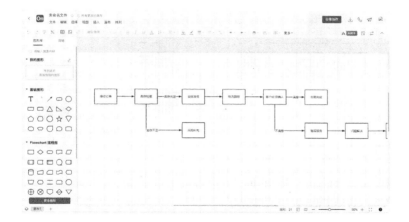

❹ 单击页面右上角的【AI 助手】按钮，打开【AI 助手】窗格，在其中选择一种流程图类型，然后输入要绘制的内容，单击 ▶ 按钮，如下图所示。

❺ 要对流程图进行美化，可以单击窗格中的【风格美化】按钮，如下图所示。

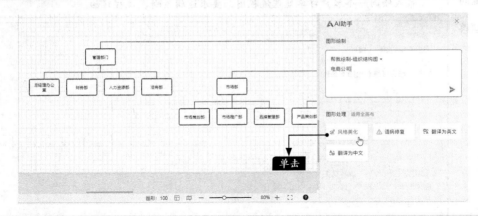

❻ 对流程图进行美化，用户可选择不同的版本进行预览，确定后，单击【确认使用】按钮，如下图所示。

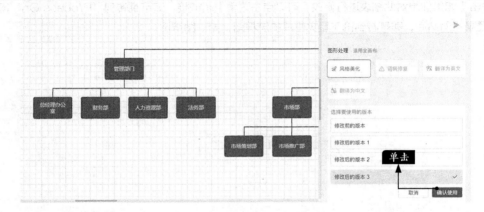

❼ 用户完成流程图的绘制后，可单击页面右上角的【下载】按钮 ↓，在弹出的列表中选择要保存的格式，如这里选择【SVG】格式，如下图所示。

> **提示** SVG 是可缩放的矢量图形格式，它基于 XML，可以用文本编辑器打开，且可以无损缩放，支持插入 Word、Excel、PPT 文档中。

15.3.2　绘制产品营销策略思维导图

本小节将通过 AI 绘制一个产品营销策略思维导图，具体操作步骤如下。

❶ 打开文心一言，单击问题输入框上方的【选择插件】按钮，在弹出的列表中选择【TreeMind 树图】
选项，如下图所示。

❷ 在问题输入框中输入提示，生成思维导图。

? 提问

绘制一个产品营销策略思维导图。

AI 回答

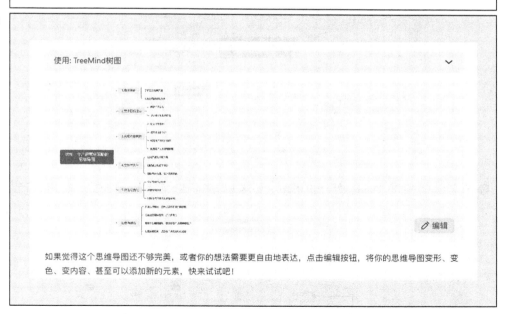

❸ 如果想要查看大图，将鼠标指针移至思维导图，当鼠标指针变为 ⊕ 形状时单击，即可以大图的形
式查看该思维导图。如果要对思维导图进行修改，可单击页面中的【编辑】按钮，打开树图页面进
行编辑，如下页图所示。

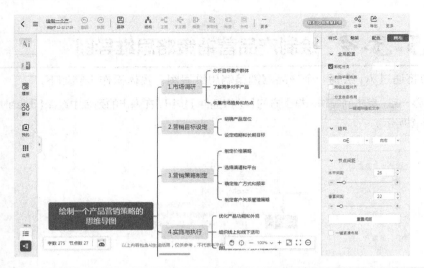

❹ 此时，用户即可对思维导图进行修改，如添加元素，修改样式、骨架、配色等。如果要将思维导图保存到计算机中，则可单击右上角的【导出】按钮，如下图所示。

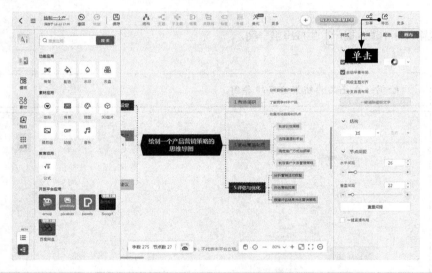

❺ 在弹出的对话框中选择要导出的格式，如这里选择【透明底 PNG】格式，如下图所示。

导出完成后，即可查看思维导图，如下图所示。

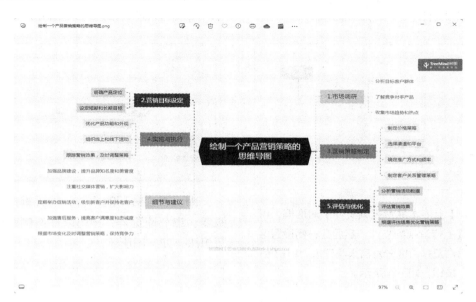

15.4　AI 辅助记录会议内容

以往，我们通常使用笔记本或录音设备来记录会议内容，然后在会后花费大量时间整理和梳理这些信息。这种方式不仅效率低下，而且容易遗漏重要细节。使用 AI 技术，我们可以将会议内容进行实时转写，并提取出其中的关键词和关键信息。

阿里巴巴推出了"通义听悟"AI 助手，支持将音、视频转换为图文形式，比如，我们可以将音、视频实时转录及翻译，迅速获得一份清晰、简洁的会议纪要，从而更好地理解和掌握会议内容。

❶ 在浏览器中搜索"通义听悟"并进入其官网，然后使用支付宝、钉钉手机 App 或者手机号码登录该平台，这里需要将音频转换成文字，单击【上传音视频】超链接，如下图所示。

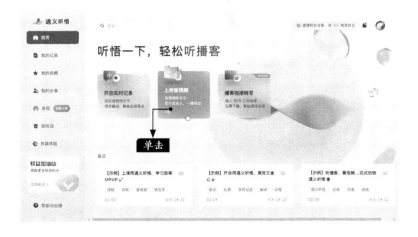

❷ 弹出【上传音视频】对话框，选择【上传本地音视频文件】选项，如下图所示。

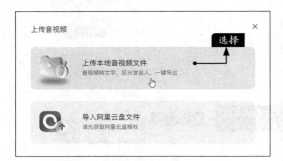

❸ 进入【上传本地音视频文件】对话框，可以拖曳或上传音视频文件，然后在右侧设置区域设置语言及是否区分发言人等选项，单击【开始转写】按钮，如下图所示。

显示转写状态及进度，如下图所示。

❹ 转写完成后，转写结果会显示在页面左下角，单击转写好的记录，如下图所示。

即可看到转写的内容，如关键词、全文概要、章节速览等，还可以在右侧窗格中书写想法，如下图所示。

❺ 单击【发言总结】选项，可以查看对不同发言人的发言总结，如下图所示。

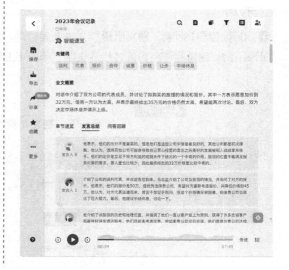